青少年
综合素质培养课

# 青少年
# 创造力
## 培养课

创新

杜兴东 编著

全球经典的品质培养成长书系之一

## 你的人生第一课

北京出版集团
北京出版社

图书在版编目（CIP）数据

青少年创造力培养课．创新／杜兴东编著．— 北京：北京出版社，2014.1
（青少年综合素质培养课）
ISBN 978 - 7 - 200 - 10289 - 5

Ⅰ．①青…　Ⅱ．①杜…　Ⅲ．①青少年—创造能力—能力培养　Ⅳ．①G305

中国版本图书馆 CIP 数据核字（2013）第 282813 号

青少年综合素质培养课
青少年创造力培养课　创新
QING-SHAONIAN CHUANGZAOLI PEIYANGKE　CHUANGXIN
杜兴东　编著
＊
北 京 出 版 集 团
北 京 出 版 社　出版
（北京北三环中路 6 号）
邮政编码：100120

网　　址：www．bph．com．cn
北 京 出 版 集 团 总 发 行
新 华 书 店 经 销
三河市同力彩印有限公司印刷
＊
787 毫米×1092 毫米　16 开本　12 印张　170 千字
2014 年 1 月第 1 版　2023 年 2 月第 4 次印刷
ISBN 978 - 7 - 200 - 10289 - 5
定价：32.00 元
如有印装质量问题，由本社负责调换
质量监督电话：010 - 58572393
责任编辑电话：010 - 58572303

# 前　言

　　由于受到传统教育的影响、自身观念的束缚，以及对创新力认知的缺乏，许多人对于自己的创新力持怀疑的态度，总觉得创新是一个神秘而艰巨的过程，是某些年轻的高资历的专业人才的专利。因而，在遇到一些事情时，他们不愿意开动自己的脑筋，并找各种理由为自己的"懒惰"辩护，"我缺乏太多可以帮助创新的知识了""创新似乎是那些科学家们的事""我的工作没有什么可创新的地方""都过了拥有创新激情的年龄了"……凡此种种，结果无数次与创新机会擦肩而过，创新力也只能停留在一个低水平上。

　　其实，我们每个人身上都有很多未被把握的东西，有大片的未知领域，而创新力就是我们身上这种潜在的"钻石宝藏"。

　　科学家做过这样一次试验：在一所小学里，当新学年开始的时候，研究人员对全校学生进行了一次智商测试和"自由发挥"的绘画测试。随后，研究人员随机选出20%的学生，告诉教师说，这些学生在本学年内，将会显示出良好的创新才能。一年后，再对全校学生进行同样的测试，研究人员发现，那20%的学生在创新方面比其他学生有了明显的进步。

　　那20%的学生果真拥有异于常人的创新才能吗？当然不

是，他们只不过是被随机挑选出的普通学生，但是一种强烈的他人期许和自我期望激励了他们创新才能的发挥。事实上，我们每个人身上都蕴含着无穷无尽的创新潜能，以及我们实现创新所需要的各种各样的"供应品"，这些埋藏在深处的"钻石宝藏"等着我们去发掘、培养和发挥。

现在，你还怀疑自己不是个创新天才吗？或许，你现在还不是创新天才，但是，你肯定是一个潜在的创新天才。认识到这点，接下来，我们需要做的不是怀疑自己创新天才的身份，而是寻找正确有效的方法来激发我们的创新潜能，提升我们的创新力，从而实现创新天才这一伟大目标。

我们知道有些人天生就很聪明，智力超人，比如李白或胡适。我们也听说过有的家庭经过努力，培养出创新力很强的人，比如有名的逻辑学家密尔。先天因素对一个人的创新才能有一定的影响，但这种影响很有限，因为具备先天优势的人毕竟有限。所以，我们想成为密尔一样的创新天才，必须注重后天的培养，让自己具备一些和创新密切相关的能力和素养。

思考力、观察力、想象力和多元思维能力是影响创新力的四大关键能力。有思考才有进步，不会思考的人根本不会进步，更别说创新；"眼睛"是创新的窗户，不会观察的人，往往看不到创新的先机；想象是创新的翅膀，不会想象的人无异于失去了在创新天空自由翱翔的双翅；多元思维是创新过程中综合各种思维的能力，失去多元思维，再好的创新条件也会被白白浪费。所以，具备这些关键能力，是我们成为创新天才的前提。

另外，想把创新培养成一种自觉意识，我们还得跳出拘围创新思维的几个定式，包括从众定式、权威定式、经验定式、书本定式等。只有打破了这些思维枷锁，我们才能把创新意识深植于头脑，为成为创新天才打下坚实的观念基础。

我们已经知道每个人都拥有无穷尽的创新潜能，但这些潜能怎样才能得到开发呢？良性暗示、轻松氛围和逆境激发等都是挖掘我们创新潜能必不可少的条件和环境。创新思维是创新天才的主要思维方式，质疑思维、发散思维、逆向思维、联想思维、逻辑思维等都是创新天才应该掌握和运用的思维方法。

拥有了以上可以帮助我们创新的内在因素，最后，我们需要一种能把我们跃升为创新天才的武器，那就是行动方案。光有思想理论，我们永远不会获得创新的成果，细节法、组合法、模仿法、团队合作法就是能帮我们赢取创新天才光环的有力武器。

创新天才的形成并不是一蹴而就的事情，它需要我们在现实生活中不惧困难，善思、敢做、勇于实践。在学习或生活中，我们或许会遇到各种各样的问题和困难，但我们不能一味地发牢骚、抱怨，而应该积极地去思考，把问题当作改进、创新的机会，努力寻找解决问题的途径，这样我们才有可能成为创新天才。

当然，偶然一次的创新成就并不代表我们就是创新天才，创新天才都是时刻保持着创新意识、创新习惯、创新思维，把创新当作己任，把创新当作事业来完成，并不断取得创新成就的人。如果我们能做到这些，最后也一定可以成为杰出的创新人才！

# 目　录

# 第一篇

## 创新力就是竞争力

## 第一章　创新是成功的基石

### 创新力是成功的基础

　　有个人有一个奇特的爱好，他喜欢饲养毒蛇。开始他只是养着玩玩而已，后来他发现邻居家的羊常常不翼而飞，而自己家中的羊因有毒蛇在旁无人敢动。这使他联想到城里许多居民一年中要有一段时间全家外出旅游，窃贼则趁此机会进入无人之境，将财物洗劫一空。那人想：我何不为他们养些看家护院的毒蛇，让他们安心外出旅游呢？于是他的"毒蛇租赁公司"很快开业了。当外出旅游的人们向他租毒蛇时，他就将一条填饱肚子的毒蛇放入空宅，并收 100 元的租金；此后，他还在空宅四周挂上醒目的"警告牌"，牌上写着毒蛇的名字、年龄、毒性、咬人后十步之内便倒下及倒地后的症状表现等，看了都令人不寒而栗。窃贼们自然望而生畏，退避三舍。如此一来，其生意自然更加红火，当年收入便在 30 万元以上。

　　大千世界，芸芸众生，每个人对成功的价值取向是不一样的：有人需要家庭的幸福，有人期盼生活上的富足，有人则渴望事业上能大有作为，得到社会和业界的认可，等等。无论哪一种意义上的成功，都有一点是共同的，那就是"没有哪个人随随便便就能获得成功，成功者自有其成功之道"。这是一切成功学家总结出来的一致观点，包括大名鼎鼎的戴尔·卡耐基，也包括拿破仑·希尔。养蛇者并不见得十分有能力，养蛇者也并不一定有才华，但他可算是成功者，他的成功之道在哪里呢？归结为一点，那就是创新力。他充分挖掘了自身的创新力，为成功打下了坚实的基础，因而他的成功之厦才能巍然屹立。

日本的富士山天下闻名，慕名者众。但来富士山观光的人也常常碰到一个遗憾，这就是要想如愿看到阳光下的火山口与晶莹的山顶并不容易，因为当地气候不稳定，时常云遮雾绕使人一无所获，而一无所获者也就只好打道回府。

也就是在这种背景下，有一家旅店摸透了旅游者的心思，别出心裁地提出："凡欲观赏富士山奇景者可免费住宿本店，直到一饱眼福为止。"消息传开，果然来客如云。单纯从"住店免费"这一点上看，这家旅店似乎吃了亏，可免的只是住宿费，其他费用照收，因此仍有进项。事实也表明，这家旅店不但收入颇丰，而且还为自己赢得了好信誉。

在某个大城市的郊区新开了一家"缘分饭店"。虽然对面山上光秃秃的，但老板西村先生极善经营，建店伊始就有过一个极漂亮的设计，这就是先通过新闻"广而告之"，登了一则极引人关注的"新婚植树广告"，广告称：凡新婚夫妇来此住宿，本饭店将免费提供各类优质树苗及植树工具，竭诚为新婚夫妇在此种植"新婚纪念树"提供一切方便。新婚夫妇离开后，本店还将派人精心呵护您的树苗，以备您再度光临时再回首、再回忆。

果然，这一热心而独特的许诺吸引了众多欲结秦晋之好的青年男女。他们纷至沓来，不仅种了树，而且年复一年地返回小住，再回首、再回忆，再浇水、再除虫，以示他们的爱天长地久——原来光秃秃的山头很快变得一片葱绿，鸟语花香，这里也迅速成了一处年轻人喜爱光顾的旅游胜地。

商界有句名言："谁聪明谁才能赚，谁独特谁才能赢。"上述例子中的人之所以在众多的竞争者中一枝独秀，就是因为他们聪明和独特的构思。换一句话来说，就是创新力的发挥让他们赢得了成功！

成功者总有成功之道，而一切成功者都是想到和做到了别人没想过、没做过的事情，那种独特和聪明我们可归结为创新力。不论是华盛顿、爱因斯坦、比尔·盖茨，还是中国的张瑞敏，他们都是成功者，同时也是创新者、创造家。他们都有非凡的经历和非凡的做法，事实证明：创新力是成功的基础。

# 创新力就是竞争力

有时候，你会发现，别人拥有的条件，自己也拥有相同的条件，但自己总是竞争不过对手。细心观察一下，你是否缺少一种叫作"创新力"的东西？创新是竞争的一种武器，创新力就是竞争力。

几年前，北京的餐厅刮起了一股"洋风"，很多新建或改建的餐厅，用大量外汇进口材料搞室内装修，似乎只有这样才能招揽顾客。但有一家叫"独一居"的餐厅偏不赶时髦，而是独辟蹊径，用扇贝壳、海草、斗笠、剪纸等小物件，装饰出一座具有民族文化情趣的高档餐厅，受到中外顾客的热烈赞扬。艺术家刘海粟、吴作人等也慕名前来观赏品尝，并欣然留墨。

这家以经营海鲜菜肴为主的山东风味餐厅，在店堂风格设计上据说颇费了一番脑筋。有一次餐厅经理到外地谈业务，晚上在海边散步，看到一些小吃店"渔村味"很浓，让人感到在这里休息观海就像进入了海的世界。看到这些，这位经理心想："独一居"是以经营海鲜菜肴为主的餐厅，如果把店堂装饰成"海味风趣"，让顾客就餐时仿佛进入了海滨渔村，感受到的不是生疏、窘迫，而是具有浓浓人情味的中国民族文化风格，那该多好！

想到就要做到：餐厅门拱的造型，像在破浪中前进的两条渔船船首；临街的四扇落地窗户玻璃上贴着民间剪纸，窗帘则是山东蓝印花布制成的；在壁柜上摆放着民间雕塑等工艺品；每张餐桌上方的天花板下，分别垂着一串串塑料葡萄或葫芦。更令人叫绝的是，吊灯灯罩是用渔民所戴的大檐斗笠做成的。在这里就餐，能让人感受到大海的自然情调。

1985 年 5 月，"独一居"正式落成，被吸引来的外国顾客对餐厅的设计装饰赞不绝口，纷纷拍照留念。"独一居"餐厅在装饰上敢于以独取胜，既吸引人，又起到了很好的广告效应，这无疑增加了餐厅的竞争力。独特的装饰风格，也起到了很好的广告作用。

21 世纪，各行各业的竞争越来越激烈，要想在残酷的竞争中取得主动权，唯一的途径就是不断创新，将创新力转化成竞争力。综观国内外大大小小的企业，因为缺乏创新力，或者苟延残喘，或者销声匿迹。正所谓"成也创新，败也创新"，创新力制约着企业的生存与发展，创新力决定着企业的竞争力。

在一座名城的大街上，同时住着 3 个不错的裁缝。因为彼此离得太近，所以生意上的竞争非常激烈。为了能够压倒对方，吸引更多的顾客，裁缝们纷纷在门口的招牌上做文章。

一天，一个裁缝在门前的招牌上写上"本城最好的裁缝"，结果吸引了许多顾客光临。

看到这种情况以后，另一个裁缝也不甘示弱。第二天，他在门口就挂出了"全国最好的裁缝"的招牌，结果同样招揽了不少顾客。

第三个裁缝非常苦恼，前两个裁缝挂出的招牌吸引走了大部分的顾客，如果不能想出一个更好的办法，很可能就要成为"生意最差的裁缝"了。但是，什么词可以超过"本城和全国"呢？如果挂出"全世界最好的裁缝"的招牌，无疑会让别人感觉到虚假，也会遭到同行的讥讽。到底应该怎么办？正当他愁眉不展的时候，儿子放学回来了。当他知道父亲发愁的原因以后，告诉父亲也许可以在招牌上写上这样几个字。

第三天，前两个裁缝站在街道上等着看他们同行的笑话，但事情似乎超出了他们的意料。因为，很快，第三个裁缝的门前挂出了一个更加吸引人的招牌，上面写着"本街道最好的裁缝"。

在竞争日趋激烈的今天，要想成功就需要借助于创新的思维方式。在上面的故事中，面对他人提出的全城和全国的"大气"，裁缝的儿子却转了一个方向，利用街道的"小"来做文章，并最终赢得了竞争的胜利。因为在全伦敦或者全英国，他不一定是最好的，但在街道这个特定区域里，只有他是最好的，也是唯一的。

社会的变化是快速的，优胜劣汰的规则是无情的，要想在竞争中免于被吞噬，要想在竞争中独占鳌头，处于不败之地，那么就要逼着自己不断地创新，努力提升自身的创新力，因为，创新力就是竞争力。

## 创新力是一种战略资源

创新力是一种战略资源。在很多人眼里，创新力似乎是看不见摸不着的东西，于是他们没有去好好挖掘自身的创新力，结果这种战略资源被白白浪费掉了，而创新者时刻把创新力当作最好的战略资源去利用，所以，他们成功了。

1915年，在国际巴拿马商品博览会上，世界各地的展品琳琅满目，美不胜收。可是，中国送展的茅台酒很长时间无人问津，每个参加博览会的工作人员都很着急，一个有着几千年酿酒历史的国度，居然没有人问津自己送展的美酒。其中一个工作人员计上心来，他提着两瓶茅台酒，走到展览大厅最热闹的地方，故意装作不慎把酒摔在地上。一股浓郁的酒香顿时弥漫了整个大厅，"好酒、好酒"的赞叹声此起彼伏。自此，那些外国人才知道中国茅台酒的魅力。这位中国工作人员的创意果然奏效，为茅台酒打开了国际市场，同时茅台酒在这次博览会上被评为世界名酒，从此名声远扬。

"酒香也怕巷子深"，假如不采取有效的推广办法，美酒也只能"藏在深闺无人识"。那位工作人员采用了"摔酒"这种富含创意的战略，解决了茅台展览的困境，并取得了始料不及的成功。

瑞士手表以其性能精准、持久耐用和款式经典雄踞世界一百多年，但总有一些他国的手表制造者想尝试与手表王国一争高下。

"西铁城"手表就是其中的一个。当时，日本研制出了性能良好的"西铁城"手表，又一次向钟表王国发起了冲击。

但是，要在手表王国瑞士几乎垄断了手表业的情况下，打开产品销路谈何容易。刚上市的时候，"西铁城"手表并不受人赏识，无法打破瑞士手表控制手表行业的局面。连续的亏损让"西铁城"愁眉不展，多次为此专门召开公司高级职员的会议，来商量对策。

许多人都将打开销路的目光放在了广告上。

有人建议："我们应该扩大宣传，多多占用电视台的黄金时间和报纸的广告版面，以铺天盖地之势，给人造成先声夺人的印象。在消费者面前混个脸熟，让他们购买手表的时候，就能想到我们的手表。"

总经理点点头，说："对，应该大做广告。不过宣传的效果不能近期奏效，况且，现在的广告过多过滥，公众对之已失去兴趣，我们还能不能采取其他更好的办法呢？"

又有人接着说："针对广告过多过滥、不真实的问题，我们不妨要公众眼见为实。我们可以尝试在公众面前做破坏性试验，通过这种公开的试验，让大家了解我们'西铁城'的良好性能，大家就能接受我们的产品。"

还有人补充说："我们不妨采取奖励性的措施，最好的奖励物品莫过于'西铁城'手表本身。这样能使我们的手表迅速推向市场。"

通过很长时间的讨论，最终，大家想出了一个大胆的方案。

不久,"西铁城"通过新闻媒介发出了一条令人咋舌的消息,某时将有一架飞机在某地抛下一批"西铁城"手表,谁拾获手表就归谁。这条消息在社会上引起了很大的轰动,街头巷尾都在谈论这则消息。

到了指定的那天,人们怀着好奇和怀疑的心情,潮水般地涌向指定地点。

指定的时候到了,只见一架直升机飞至人群的上空,盘旋片刻后,在百米高空向人群旁的空地上洒下一片"表雨"。期待已久的人们,拥上去捡表。抛下的表是如此之多,使大家都有所收获。而捡获手表的人们在惊喜之余还发现"西铁城"手表在空中丢下后,居然还在走动,甚至连外壳都未受损害,人们对"西铁城"手表的质量连连称奇,不禁感叹:"'西铁城'的表真是精良耐用,果然名不虚传!"

后来,电视台又播放了这次抛表的实况录像,使"西铁城"很快深入人心,观众对"西铁城"手表充满兴趣,销路一下子就打开了。毫无疑问,"西铁城"最终成为世界知名的手表品牌。

创新力是企业成功的战略资源,正因为"西铁城"手表在推广过程中充分开发了这笔宝贵的资源,"西铁城"才能"首战告捷",打下了手表品牌的基础。

创新力是成功的根基,创新力是成功的战略资源,它能为陷入困境的企业出谋划策,它能为迷茫失措的个人指引方向。用好创新力这种战略资源,你也能做到"运筹帷幄,决胜千里"。

## 创新力是一种超越的能力

有一个人写了一首歌,但一直得不到赏识,无法发表。柯亨买下它,并在它的基础上加了点东西,使无人问津的歌曲成为当时最风行的流行歌曲。他加上的东西仅仅是 3 个很小的词："HIP，HIP，HOO-RAY"（嗨！嗨！万岁！）但就是因为这 3 个表示欢乐的歌词才改变了这首歌曲的命运，柯亨小小的创新超越了原作者，取得了出乎意料的成功。

在贝尔之前，就有许多人声称他们发明了电话。在那些取得了优先专利权的人中，有格雷、爱迪生、多尔拜尔、麦克多那夫、万戴尔威和雷斯。雷斯是唯一接近成功的人，造成巨大差异的微小差别是一个单独的螺钉。雷斯不知道如果他把一个螺钉转动 1/4 周，把间歇电流转换为等幅电流，那么他早就成功了。

贝尔创造性地将螺钉转动 1/4 周，保持了电路畅通，把间歇电流转换成了再生人类语言唯一的电流形式——等幅电流。雷斯没有坚持研究下去，即使他已经取得了很大的成功，但那还不是创新，而贝尔没有停止研究的步伐，超越再超越，结果创新了人类的通话方式。

超越，就像把别人已搁置的 99 摄氏度的热水烧到 100 摄氏度，虽然仅是 1 摄氏度的差别，但就是这 1 摄氏度实现了质的飞跃，这种超越就是一种创举，就是创新力的体现。

所以，如果你站在成功的门槛上不能跨越过去，你就应该努力加上一点创新，突破原有的局限。

我们再来看看我国民族汽车是如何通过不断创新实现不断超越的例子。

2006 年 6 月 26 日，中国第一台自主品牌涡轮增压汽油发动机华晨 1.8T 在沈阳正式投产，华晨汽车再次成为业界关注的焦点。

中国民族汽车工业如何自主创新，自主品牌的强盛之路到底应该怎么走，这是一个曾经困扰中国汽车界多年的问题。

从诞生之日起就肩扛"高起点自主创新"大旗的华晨汽车，十多年间的风雨坎坷也一度让业内外对其战略路径充满争议甚至不乏种种责难。

时至今日，随着华晨尊驰、骏捷挟"品质革命"之利刃在中高级轿车市场强势崛起,"金杯"品牌在商务车市场连续 10 年以超过 50% 的份额几乎成为一个行业代名词,金杯旗下的阁瑞斯在 MPV 领域发展迅猛,以及"国内一流,国际同步"1.8T 发动机的横空出世,华晨汽车品质、品牌、技术的全面突破让一切争议变得无谓,诸种责难化为钦羡。因为,自主之路没有捷径,高起点创新终将超越一切。

在整车开发不断突破之后,华晨以非凡的魄力将创新的目光聚焦在少人问津的发动机领域,锁定在最具挑战性的涡轮增压汽油发动机技术上。"中国的汽车产业要是没有核心技术,就要一辈子让别人掐着脖子,命运被别人左右,掌握不了最核心的发动机技术,谈民族汽车工业始终只是浮华空论。发动机技术是制约中国汽车产业参与国际竞争的短板,华晨要做的,就是要用高起点自主创新来补上这个短板,让华晨汽车这个自主品牌装上中国人自己的涡轮发动机,成为真正'根正苗红'的自主品牌。"

华晨的发动机研发起步就与世界同步。联手国际内燃机三大权威研发机构之一的德国 FEV 发动机技术公司,经过 3 年潜心砥砺,拥有独立知识产权的 1.8T 发动机于 2006 年 6 月 26 日正式投产。华晨 1.8T 发动机的推出,改变了汽车"中国心"孱弱的历史,标志着中国汽车迎来了"强擎时代",开始与国际巨头争夺产业"制空权"。

同步于业内,但不断创新、不断超越,敢于与国际巨头并驾齐驱,这是华晨成功所在。

创新缔造进步,创新成就超越。因为很多事实告诉我们,因循只能守旧,故步只能自封。我们只有急流勇进、独辟蹊径,才能把创新力转化为超越的能力,从而创造成功的神话。

## 第二章　让创新成为习惯

### 改变一种习惯，实现一种突破

俗话说，"积习难移""习惯成自然"，在对自己行为的支配中，习惯的力量比任何理论原则的力量来得更大。一切最好的理论原则，最好的行为准则，在成为你的习惯之前，你不见得能够始终如一地去信守它。只有在成了你的习惯之后，它才能在你的行为中巩固下来。不要轻视任何一个习惯，即使它再小，只要你一旦养成，就不会那么容易消失，而且它还会如同池塘中的那颗小石子，影响到你更多的习惯，进而影响你的命运。

既然习惯掌控我们的行为，甚至影响我们的命运，那么，你有没有想过，我们可以改变一下习惯，这样说不定能实现一种创新性的突破。

在我们的日常生活中，常常无形地被一些既定的习惯规范着，我们总是习以为常，没有察觉。不过，我们若能针对习惯做一些变化，就会带来新鲜的感受，实现创新性的突破。这些改变可以从最小的地方做起，最简单的，便是练习用左手拿筷子。我们平常都是用右手拿筷子夹菜吃饭，如果换成左手，会有什么感受？另外，我们平常双手交叉合十的时候，是不是总习惯把右手的拇指搭在左手的拇指上面？

再试一次，这次尝试着把左手拇指搭在右手拇指上面，怎么样？是不是有一种很新奇的感觉？

我们还可以改变另外一些习惯，比如平常习惯坐公交车上班，可以提前一站下车走路，或者换不同路线的公车，而回家时也可以试着走不同的路。在平常的工作习惯中，是不是可以交换一下顺序？可否将星期一早上9点的例会，改到星期五下午4点，让大家在周末的放松之前，对开会有更高的期待？

挑战习惯，不要时时被习惯牵着走。改变一种习惯，无论是好习惯还是坏习惯，你一定能获得创新的感受，很多非习惯性的创意就是这时候产生的。英国是一个高福利和高薪制国家，只要能找到工作，一般都能拿到理想的工薪，但要找到工作不是一件易事。

有一位22岁的年轻人，是名牌大学的高才生，大学毕业后一直找不到工作。尽管他有一张新闻专业的大学文凭，但在竞争激烈的人才市场上，经常被碰得头破血流。

为了找到一份合适的工作，这位年轻人从英国的北方一直到首都伦敦，几乎跑遍了全国。一天，他走进《泰晤士报》编辑部。

他鼓足勇气，非常有礼貌地问道："请问，你们需要编辑吗？"

对方看了看这位貌不出众的年轻人，不冷不热地说："不要。"

他接着又问："需要记者吗？"

对方回答："也不要。"

年轻人并没有气馁："排版工、校对呢？"

对方已经不耐烦了，冷冷地说："你不用再白费口舌了，我们这儿现在不缺人手。"

年轻人微微一笑，从包里掏出一块制作精美的告示牌交给对方，说："那你们肯定需要这块告示牌。"

对方接过来一看，只见上面写着漂亮的钢笔字体："名额已满，暂不招聘。"

这大大出乎招聘人的意料，负责招聘的主管被年轻人真诚而又聪慧的求职行为所打动，破例对他进行了全面考核。结果，他幸运地被报社录用了，并被安排到与他的才华相应的对外宣传部门工作。

事实证明，负责招聘的主管没有看错人。

20年后，年轻人已经成了中年人，同时也成了《泰晤士报》的总编。这个人就是生蒙，一位资深且具有良好人格魅力的报业人士。

生蒙是一个聪明人。他知道在竞争激烈的英国如果按传统的习惯去求职，肯定会碰得头破血流。所以，他把求职习惯做了小小的改动，只不过是在求职结尾加了一个"名额已满，暂不招聘"的告示牌，却让他创造性地获得了英国知名报社的工作，实现了求职惯性的突破。

无论是工作还是生活，我们可以经常尝试改变一种习惯，创新性的突破说不定就在改变习惯的一刹那出现。

## 将创新作为第一"意焦"

我们知道，创新可以提升我们的工作和学习效率，可以促进企业和科研的进步，可以给每个人带来发展的机会。那么，如果想成为一个杰出的创新人才，就应该将创新作为我们的第一"意焦"。

何为"意焦"？

"意焦"是一个心理学概念。其含义是三种"意力"，即意识、意愿和意志的"焦点"。"意焦"就是要把上述三种"意力"集中于一处，以产生最大的效果。

著名学者亚历山大·埃弗雷特曾经说过："如果你每天花1%的时间集中精力，这将会对一天中其余的99%的时间产生深远的影响。"

意焦就像一个凸透镜，它能把所有的创新光源聚成一个点。我们每个人的能力都有限，但是，如果我们能在一定的时间内把所有能力集中起来，那么创新的力量就像那通过凸透镜聚焦的点，能燃起熊熊大火。

先听一个故事。

有一位父亲带着三个孩子，到沙漠去猎杀骆驼。

他们到达了目的地。

父亲问老大："你看到了什么？"

老大回答："我看到了猎枪、骆驼，还有一望无际的沙漠。"

父亲摇摇头说："不对。"

父亲以同样的问题问老二。

老二回答说："我看到了爸爸、大哥、弟弟、猎枪，还有沙漠。"

父亲又摇摇头说："不对。"

父亲又以同样的问题问老三。

老三回答："我只看到了骆驼。"

父亲高兴地说："答对了。"

这个故事在向我们讲述这样一个道理：在做事的过程中，我们必须为自己的行动找一个"意焦"，一旦选准了方向，就要专注于此，然后朝着确定的目标不断努力。

工作中，大多数人在做一件事时，头脑里都会想着另一件事。注意力不集中往往会使人产生错误的观念，做出错误的决定，因而无法干好当前的工作。

爱迪生说过，高效工作的第一要素就是专注。他说："能够将你的身体和心智的能量，锲而不舍地运用在同一个问题上而不感到厌倦的能力就是专注。对于大多数人来说，每天都要做许多事，而我只做一件事。如果一个人将他的时间和精力都用在一个方向、一个目标上，他就会成功。"

詹天佑是我国杰出的爱国工程师。从北京到张家口这条铁路，最早是在他的主持下修筑成功的。这是第一条完全由我国的工程技术人员设计施工的铁路干线。

1905年，清政府任命詹天佑为总工程师，修筑从北京到张家口的铁路。消息一传出，全国都轰动了，国内上下欢欣鼓舞，认为这是扬眉吐气的机会。帝国主义者却把它当作一个笑话，认为中国人没有修筑这条铁路的能力。原来从南口往北过居庸关到八达岭，一路都是高山深涧，悬崖峭壁。他们认为这样艰巨的工程，各国著名的工程师也不敢轻易尝试，至于中国人，是无论如何也完成不了的。

詹天佑不怕困难，也不怕嘲笑，毅然接受了任务，马上开始勘测线路。哪里要开山，哪里要架桥，哪里要把陡坡铲平，哪里要把弯度改小，都要经过勘测，进行周密计算。詹天佑经常勉励工作人员说："我们的工作首先要精密，不能有一点儿马虎。"他亲自带着学生和工人，扛着标杆，背着经纬仪，在峭壁上定点、测绘。塞外常常狂风怒号、黄沙满天，一不小心还有坠入深谷的危险。不管条件怎样恶劣，詹天佑始终坚持在野外工作。白天，他翻山越岭、勘测线路；晚上，他就在油灯下绘图、计算。为了寻找一条合适的线路，他常常请教当地的农民。遇到困难，他总是想：这是中国人自己修筑的第一条铁路，一定要把它修好；否则，不但惹外国人讥笑，还会使中国的工程师失掉信心。

他时刻把完满修筑铁路的目标作为自己前进的方向，遇到困难时千方百计寻找解决办法，找不到办法时就虚心向老工人们请教。在遇到青龙桥附近的陡坡时，他创造性地为火车设计了一个"人"字形线路，解决了一个难以想象的大难题。

这条铁路不满4年就全线竣工了，比原来的计划提早两年。这件事给藐视中国的帝国主义者一个有力的回击。今天，我们乘火车去八达岭，过青龙桥车站，可以看到一座铜像，那就是詹天佑。许多到中国来游览的外宾，看到詹天佑创造的伟大工程，都赞叹不已。

在不到4年的时间里，詹天佑把所有的精力都放在了攻克铁路难题上，这期间，他承担着外界的种种压力，也深受自然界恶劣环境的阻挠，但他没有半句怨言，一直坚持了下来。在修筑中国自己的铁路这个强大的"意焦"下，他把自己所有的时间和精力都投入到工作中，打败了前进路上的所有拦路虎。

总之，只有通过"意焦"，才能将自己所有的能量集中到一点，才能发挥最大的创新潜能，才能成为最引人注目的创新天才。

## 创新源于"整天想着去发现"

创新力，并不会在你一觉睡醒以后拥有，也不会哪天从天而降。创新，需要一个长期思考的时间，是一个不间断探索的过程。创新的形成需要你时刻把它当作自己的第一要务，创新源于"整天想着去发现"。

牛顿是伟大的物理学家，不少人夸赞牛顿的卓越成就，牛顿则笑笑说："我取得这样的成绩，是因为我整天想着去发现。"牛顿的这句话道出了所有创新者的秘密：要创新，就要主动去思考，去想办法，把创新当作生活中的主旋律。

2002 年 2 月，时至春节，杨文俊在深圳沃尔玛超市购物时，发现人们购买整箱牛奶搬运起来非常困难。

由于当时是购物高峰期，很多汽车无法开进超市的停车场，而商场停车管理员又不允许将购物手推车推出停车场，消费者只有来回好几次才能将购买的牛奶及其他商品搬上车，这一细节引起了杨文俊的重视。

此后，杨文俊就不断在思考这件事情，想着怎么样才能方便搬运整箱的牛奶。

一次偶然的机会，杨文俊购买了一台 VCD，往家拎时，拎出了灵感：一台 VCD 比一箱牛奶要轻，厂家都能想到在箱子上安一个提手，我们为什么不能在牛奶包装箱上也装一个提手，使消费者在购物时更加便利呢？

这一想法在会上一经提出，就得到了大家的认同，并马上加以实施。

这个创意使蒙牛当年的液体奶销售量大幅度增长，同行也纷纷效仿。

现在看来，这一创意很简单。可为什么杨文俊能够提出来，而其他人提不出来呢？原因就在于是否有创新的习惯，是否能做到"整天想着去发现"。

有些人将工作看作"差事"，是用来"应付"的，他们日复一日地工作，却没有进行创新的习惯；但杨文俊式的员工将工作当成自己的责任，整天想着去发现，创新的念头和思路也就源源不断地涌现了。

王伟在一家广告公司做创意文案。一次，一个著名的洗衣粉制造商委托王伟所在的公司做广告宣传，负责这个广告创意的好几位文案创意人员拿出的东西都不能令制造商满意。没办法，经理让王伟把手中的事务先搁置几天，专心完成这个创意文案。

连着几天，王伟在办公室里抚弄着一整袋的洗衣粉在想："这个产品在市场上已经非常畅销了，人家以前的许多广告词也非常富有创意。那么，我该怎么下手才能重新找到一个点，做出既与众不同，又令人满意的广告创意呢？"

有一天，他在苦思之余，把手中的洗衣粉袋放在办公桌上，又翻来覆去地看了几遍，突然间灵光闪现，他想把这袋洗衣粉打开看一看。于是找了一张报纸铺在桌面上，然后，撕开洗衣粉袋，倒出了一些洗衣粉，一边用手揉搓着这些粉末，一边轻轻嗅着它的味道，寻找感觉。

突然，在射进办公室的阳光下，他发现了洗衣粉的粉末间遍布着一些特别微小的蓝色晶体。审视了一番后，证实的确不是自己看花了眼。他便立刻起身，亲自跑到制造商那儿问这到底是什么东西，得知这些蓝色小晶体是一些"活力去污因子"，因为有了它们，这一次新推出的洗衣粉才具有了超强洁白的效果。

弄清了这些情况后，王伟回去便从这一点下手，绞尽脑汁，寻找最好的文字创意，因此推出了非常成功的广告。

正因为整天想着去发现、去创造，王伟才能够瞬间找到创作的灵感。

整天想着去发现，是一种培养创新习惯的表现。不想着去发现，没有创新的敏感度，即使创新的机遇就在眼前，也可能如过眼云烟，瞬间消散。

在生活中，我们也应该"时刻想着去发现"，只有这样，才能够洞察创新的时机，才能为我们的人生带来新的机遇和更广阔的发展。

## 把创新变成一种好习惯

"由智慧养成的习惯，能成为第二天性。"这是著名学者培根曾经说过的话。

所谓第二天性，就是除了人本能以外最重要的东西。把创新变成一种好习惯，就是把创新变成我们的"第二天性""第二本能"。当我们把创新变成一种好习惯，我们才能把被迫创新变成自觉创新。在我们遇到问题时，能自觉出现"创新"这种本能反应，我们会不成功吗？

这是QBQ公司创办人约翰·米勒先生亲身经历的一件事，也许从这件事中你可以体会到把创新变成一种好习惯的意义所在。

那是阳光明媚的一个中午，在明尼阿波利斯市区，米勒先生经过一家叫"石邸"的餐厅，想吃顿简单的午餐。

餐厅就餐的人非常多，赶时间的米勒先生，很庆幸找到了一张吧台旁边的凳子坐了下来。几分钟后，有位年轻人端了满满一托盘要送到厨房清洗的脏碟子，匆匆地从他身边经过。年轻人用眼角余光注意到了米勒先生，于是停下来，回头说道："先生，有人招呼您了吗？"

"还没有，"米勒说，"我赶时间，只是想来一份沙拉和两个面包圈。"

"我替您拿来，先生。您想喝点什么？"

"麻烦来听健怡可乐。"

"对不起，我们只卖百事可乐，可以吗？"

"啊，那就不用了，谢谢。"米勒先生面带微笑，说道，"请给我一杯水加一片柠檬。"

"好的，先生，马上就来。"他一溜烟不见了。

过了一会儿，他为米勒先生送来了沙拉、面包圈和水，留下米勒先生用餐。

又过了一会儿，年轻人突然为米勒先生送来了一听冰凉的健怡可乐。

米勒先生一阵高兴，却又有疑问："抱歉，我以为你们不卖健怡可乐。"他问。

"没错，先生，我们不卖。"

"那这是从哪儿来的？"

"街角杂货店，先生。"米勒先生惊讶极了。

"谁付的钱？"他问。

"是我，才2块钱而已。"

听到这里，米勒先生不禁为年轻人专业的服务所折服，他原本想说的是："你太棒了！"实际却说的是："少来了，你忙得不可开交，哪有时间去买呢？"

面带笑容的年轻人，在米勒先生眼前似乎变得更高、更大了。"不是我买的，先生。我请我的经理去买的！"

瞬时，米勒先生下了一个决定：把这家伙挖过来，不管多费事！

这个年轻人已经养成了在工作中发现创新，在工作中运用创新的好习惯。为顾客买本店不出售的"健怡可乐"，而且还能想出"请经理去买"的点子。这种创新行为和创新习惯无疑能为他带来各种机遇，所以，米勒先生最后产生"把这家伙挖过来，不管多费事"的念头，也就不足为奇了。

就像你已养成第一次便记住陌生人的名字，定期与客户进行联络的习惯一样，创新也可以成为你的好习惯。如果将创新化为一种习惯，天天想着创新，就能够比其他人更容易获取创新的机会。就像你喜欢吃街边拐角处那家小店的自制香草蛋糕，每天下班的路上都会下意识地到小店中看看，已然形成了一种习惯。创新亦是如此，对于同一个事物，因为你具有创新的意识和习惯，对信息的捕获更加敏感和准确，从而激发出了创造的灵感；而其他人只是将它作为大千世界中的又一平凡之物罢了。

像众多习惯的养成一样，创新的习惯也并不是一蹴而就的。它需要在生活、工作中慢慢地养成。

将创新化为习惯，首先需要头脑中具有较为明晰的创新意识，进入一种所谓的"信念"的心理状态，它能够激励人去设计明确的计划来实现创新的目标。它还需要敏锐的观察能力和深度思考能力，对一件事物仔细地观察，之后进行缜密的分析和思考是创新过程中所必需的。

有一位青年在美国某石油公司工作，他所做的工作就是巡视并确认石油罐盖有没有自动焊接好。石油罐在输送带上移动至旋转台上，焊接剂便自动滴下，沿着盖子回转一周，这样的焊接技术耗费的焊接剂很多，公司一直想改造，但又觉得太困难，试过几次也就算了。而这位青年并不认为真的找不到改进的办法，他每天观察罐子的旋转，并思考改进的办法。

他经过观察发现，每次焊接剂滴落39滴，焊接工作便结束了。他突然想到：如果能将焊接剂减少一两滴，是不是能节省点成本？于是，他经过一番研究，终于研制出37滴型焊接机。但是，利用这种机器焊接出来的石油罐偶尔会漏油，并不理想。但他不灰心，又寻找新的办法，后来研制出38滴型焊接机。这次改造非常完美，公司对他的评价很高，不久便生产出这种机器，改用新的焊接方式。也许，你会说：节省一滴焊接剂有什么了不起？但这"一滴"给公司带来了每年5亿美元的新利润。这位青年，就是后来掌握全美石油业95%实权的石油大王——约翰·戴维森·洛克菲勒。

洛克菲勒在平凡的岗位上时便养成了观察、行动、创造的好习惯，在别人毫无办法的时候能够想出好办法，并为企业带来了"额外"的利润。正是创新的习惯推动着洛克菲勒不断地创新，直至演绎了石油大王的神话。

创新习惯的养成，是不必等待别人同意的，任何有心人都能做到，因此，它在一个人的控制范围之内。创新是我们的一种生活态度、一种内在素质，也是一种生存状态。将创新化为生活习惯，能够使自己擢升到一个更高的境界，对个人的进步有巨大的推动作用。

## 第三章　创新没有限制

### 创新不存在年龄的限制

一些人在成长过程中可能会这样想："我年纪这么小，掌握的知识那么少，怎么可能会创新呢？"当他们步入暮年，他们又会说："都一大把年纪了，脑袋都迟钝了，我不可能有创新力了。"结果，很多人错过了少年、青年、中年和老年，他们一直想着自己的年龄不适合。

其实，每个人都有创新潜能，与年龄、性别、种族等没有关系。小至乳臭未干的毛孩，老至七八十岁高龄的老人，只要他们勤于观察、善于思考、勇于实践，一样可以打开创新的大门。比如伽利略少年时期就发现了钟摆现象；马克·吐温小时候就有很多创新点子；富兰克林八十多岁还发明了双焦点眼镜……

所以说，创新活动并不存在年龄的限制，创新力的提升也是老少皆可进行的。

大约在公元850年，非洲埃塞俄比亚的一个名叫凯夫的小镇上，有一个名叫卡尔迪的牧童。他对自己养的山羊了如指掌，山羊非常听他的话，只要他吆喝一声，或甩一下鞭子，它们便聚拢在他身旁，听从他的指令。

有一天，他把山羊赶到了一片新的草地上，草地周围有一大片灌木。山羊痛痛快快地吃草和灌木叶。到了晚上发生了奇怪的事，那些山羊变得不听他的话了。尽管栏里已收拾得干干净净，它们还是挣扎着要往外跑。牧童"啪啪"甩着响鞭，费了好大的劲才把山羊赶进了围栏。山羊进栏后也不像往常那样，无声地趴下，静静地入睡，而是挤来挤去，"咩咩"地叫个不停，显得很兴奋的样子。

小牧童很奇怪：羊怎么了？这是不是吃了灌木叶引起的变化？为了探查个究竟，第二天，他又把山羊赶到那片草地上留心观察。他发现，山羊除了吃青草外，还吃灌木的叶子、小白花和小浆果。到晚上，山羊又表现出很兴奋、不驯服的样子。第三天，他把山羊赶到另一块草地上，只让山羊吃青草。晚上，山羊终于恢复了以前的那种安静和温驯。

看来，问题就出在那种灌木上。小牧童拔了几棵灌木带回家。他尝了尝毛茸茸的绿叶，有着淡淡的苦味。他又把摘下的浆果放到嘴里嚼，味道又苦又涩，他忙吐出来扔到炉子里，炉子里立即散发出馥郁的香味，非常好闻。小牧童就把果子放在火里烧一烧，再把烧过的果子放在水里泡着喝，味道好极了。那一天晚上，小牧童兴奋得彻夜未眠。

小牧童反复试了几次，每次都使他感到很兴奋。于是他就把这种香喷喷的、有很好提神作用的东西当饮料，来招待镇子上的人。从此，一种新的饮料就诞生了，并很快传遍了世界各地。这种新的饮料成了人们共同喜爱的东西。大概是因为它首先是从凯夫小镇传出的，人们就叫它"凯夫"。久而久之，"凯夫"被它的谐音"咖啡"取代了。

小牧童的年龄应该是贪玩、调皮、粗心的时候，但他好奇心强，勤于探索，并未因为自己年纪小，就放弃创新的念头。很多小孩反而因为年龄小的优势，比很多成年人都占有创新优势。

我们再来看一个年将半百却作出创新佳绩的例子。

相信大家对玫琳凯这个名字并不陌生。它是美国最大的护肤品直销商，在全球拥有 85 万多名独立的美容顾问，每年的零售额超过 24 亿美元，《财富》杂志 3 次将玫琳凯公司列入全美最好的 100 家公司之一，是女性最佳择业的十大公司之一。而玫琳凯·艾什，就是这一系列奇迹和荣誉的创造者。

玫琳凯生于一个普通家庭，17 岁结婚生子，由于婚姻不如意离婚后独自带着 3 个孩子生活，日子过得贫苦艰辛。这是她坎坷的青年时代。

20 世纪 30 年代开始，玫琳凯先是成为一家家庭用品公司的推销员，因工作出色很快成为公司销售部门的顶尖人物，但由于当时女性社会地位很低，她一直得不到发展。后来又换到另一家直销公司，虽然取得很好的成绩，地位也有提升，但还是受到男性的冷嘲热讽。她再次辞掉了这份工作。

经过了两次挫折的玫琳凯决定总结一下过去，她列出了两份清单：一份是以往在公司里发生的美好事情，另一份就是这么多年来遭遇的问题及改进办法。

在完成这些工作后，她突然萌发了一个念头：既然我有这么多经验，为什么不自己建立一家新型的公司？

她决定开一家化妆品直销公司。

当时玫琳凯已经 45 岁，而且非常不幸的是，就在公司开业的前一个月，她的第二任丈夫突然去世。但什么也阻止不了玫琳凯实现自己梦想的脚步，她拿出全部积蓄——5000 美元，将所有的热情投入到崭新的事业中去。

玫琳凯公司就这样诞生了。

但是选择化妆品直销就意味着和当时有 25 年历史的直销巨人雅芳公司竞争。

玫琳凯通过将"丰富女性的人生"作为公司宗旨的核心理念，小组展示推销和一对一美容指导方式，内部人员优惠购买公司产品等创新步骤，出奇制胜，以惊人的速度发展起来，并于 1976 年在纽约上市，这是第一家由女性拥有的上市公司。

　　玫琳凯的创业成功很值得我们借鉴。她开始创业时已是3个孩子的母亲、年将半百。但年龄不可能挡住她前进的脚步，她凭着年轻时积累的宝贵经验，加上她的创新思想，开创了女性事业，成为女子中的传奇。

　　创新不存在年龄的限制，只要你善于发现你的优势，只要你愿意创新，你随时都可以当创新的主人。

## "小人物"也可撬动大地球

　　说到创新，估计很多人都会有这样一个错误的意识："创新发明，那是发明家、科学家和大人物的事情，和我们这些普通人、小人物没什么关系。"于是，生活中常抱着这种想法的人总是墨守成规、毫无突破，日子过得了无新意。

　　实际上，无论是创造发明者还是技术革新者，他们并不是一开始就成为所谓的大人物，他们是从会创新的小人物一步一步走过来的。不要总认为自己是小人物就应是平平凡凡、默默无闻的，你身处平凡的岗位上，但只要积极发挥聪明才智、勇于创新，也可做出不平凡的成绩，影响或改变着我们生活的大千世界。

　　日本人古川久好只是一家公司的普通职员，做一些文书工作，工作很是辛苦，薪水却不高。他总琢磨着想个办法赚大钱。有一天，他看到报纸上有一条介绍美国商店情况的专题报道，其中有一段提到了自动售货机，上面写道："现在美国各地都大量采用自动售货机来销售商品，这种售货机不需要雇人看守，一天24小时可随时供货，而且在任何地方都可以营业，它给人们带来了方便。可以预料，随着时代的进步，这种新的售货方式必将被广大的商业公司所采用，也会很快被消费者接受，前景非常好。"

古川久好开始在这上面动脑筋。他想："日本现在还没有人经营这个项目，但将来也必然会迈入一个自动售货的时代。这项生意对于没有什么本钱的人最合适，我应该趁此机会钻一个冷门。至于售货机里的商品，应该把一些新奇的东西填充进去。"

他开始向亲朋好友借钱。他筹到30万日元，这一笔钱对于一个小职员来说不是一个小数目。他以一台1.5万日元的价格买下20台售货机，设置在酒吧、剧院、车站等一些公共场所，把一些日用百货、饮料、酒类、报纸杂志等放在售货机中，开始了他的新事业。

这一招果然给他带来了财富。古川久好的自动售货机第一个月就为他赚到了100多万日元。他继续把每个月赚的钱投资于售货机上，扩大经营的规模。5个月后，古川除了还清借款，还净赚了近2000万日元。

古川久好在公共场所设置自动售货机，为顾客提供了方便，受到了欢迎。一些人看这一行很赚钱，也都跃跃欲试。而这时的古川又有了新的创意。他自己投资成立工厂，研究制造"迷你型自动售货机"。这项新产品外形娇小可爱，不仅实用，而且美化了环境。

古川久好的自动售货机上市后，立即以惊人的速度被抢购。每台机器售价4万日元，机器内的商品大约需要2万日元，有6万日元就可靠它生财，而且几乎没有风险。据统计，生意最好的一个月销售额高达100万日元，平均销售额是每月56万日元。因此，日本各地的商人纷纷向古川久好订购迷你型自动售货机。其中有一个人单独向古川久好购买了120台，大做自动售货机的生意。几年后，这种经营方式在日本的城市里普及开来，古川久好也因制造自动售货机而发了大财。

我们再来看松下电器公司的一个"小人物"通过创新为企业赢利的例子。

他是松下电器公司一个普通的设计员，有一段时间他看到有许多来公司洽谈业务的外地客人，在宾馆里刮胡须时，用热毛巾捂、用肥皂擦、用保险刀一遍遍地刮，不但占用时间长，不便于携带，还常有刮破脸皮的现象。

因此，这位设计员针对这个令男人厌烦却又无法避免的问题，尝试着设计了最初的简易的电动剃须刀。尽管开始时还不那么完善合理，而且成本较大，价格也比较昂贵，但由于这种新产品简单方便，立即风靡市场，以至于供不应求，一时间成为许多男士的至高追求物。仅此一种产品，松下公司的当年收入便提高了13%。

这种"小人物"创新的例子不胜枚举，总结他们的成就，我们会发现他们有一个共同点：不因为自己身份普通就放弃了"创新"的念头，不因为自己地位平凡就停止了创新的脚步，他们相信，"小人物"也可以大有作为。

我国教育家陶行知曾在多种场合说过："处处是创造之地，天天是创造之时，人人是创造之人。"明白了这点，即使你是个名不见经传的小人物，只要有创新的意念、有创新的行动，有克服困难的信心和勇气，一个小小的支点就可以撬动地球。

## 创新不是高不可攀，而是伸手可及

许多人常常有这样的困惑：

我想创新，却没有机会；

我想创新，却总也找不到路径；

我想创新，但它总是高高在上，很难够得着。

假如你有这样的困惑，恭喜你，创新已经离你不远了。因为你已经有了创新的意识和意愿，只要找到一个明确的方向，一个正确的路径，并朝着这个目标不懈地努力，相信，创新很快就会飞到你的身边。

创新并非如大家所想象的那么神秘、那么遥远、那么高不可攀，而是伸手可及。因为它就像阳光、空气，时刻萦绕在你身边。

相传康熙年间，安徽青年王致和赴京应试落第后，决定留在京城，一边继续攻读，一边学做豆腐以谋生。可他毕竟是个年轻的读书人，没有做生意的经验，夏季的一天，他所做的豆腐剩下不少，只好用小缸把豆腐切块腌好。日子一长，他竟忘了有这缸豆腐，等到秋凉时想起来了，但腌豆腐已经变成了"臭豆腐"。王致和十分恼火，正欲把这"臭气熏天"的豆腐扔掉时，转而一想，虽然臭了，但自己总还可以留着吃吧。于是，就忍着臭味吃了起来。然而奇怪的是，臭豆腐闻起来虽有股臭味，吃起来却非常香。

于是，王致和便拿着自己的臭豆腐去给朋友吃。好说歹说，别人才同意尝一口，没想到，所有人在捏着鼻子尝了以后，都赞不绝口，一致公认此豆腐美味可口。王致和借助这一错误，改行专门做了臭豆腐，生意越做越大，而影响也越来越广。最后，连慈禧太后也慕名前来品尝美味的臭豆腐，并对其大为赞赏。

从此，王致和与他的臭豆腐身价倍增，还被列入御膳菜谱。直到今天，许多外国友人到了北京，都还点名要品尝这所谓"中国一绝"的王致和臭豆腐。

因为尝了一块变味的臭豆腐，王致和改变了自己的一生。

美国摩根财团的创始人摩根，原来并不富有，夫妻二人靠卖鸡蛋维持生计。但身高体壮的摩根卖鸡蛋远不及瘦小的妻子。后来他终于弄明白了原因，他用手掌托着鸡蛋叫卖时，由于手掌太大，人们眼睛的视觉误差害苦了摩根。他立即改变了卖鸡蛋的方式：把鸡蛋放在一个浅而小的托盘里，出售情况果然好转。摩根并不因此满足。眼睛的视觉误差既然能影响销售，那经营的学问就更大了，从而激发了他对心理学、经营学、管理学等的研究和探讨，终于创建了摩根财团。

这些创意都是从日常生活中获得的，往往这些事就真真切切地发生在我们的身边，只要我们仔细观察，稍加分析，就可以轻松地把握创新的机遇。

创新可以从平凡的地方做起，从身边的小事去发现。小创新往往是通向大创新的起点。

一天，一个叫玛莉的英国姑娘在黄昏的街头散步。走着走着，突然听到身后有几个女孩在闲聊："现在流行的服装真没劲，一点新意都没有，真令人讨厌！"

"就你这条难看的裙子居然也能流行，简直太奇怪了，不如把它剪烂扔掉算了！"

说者无心，听者有意，女孩无意间的一席谈话，让玛莉获得了巨大的灵感：

"剪？好创意啊！如果把裙子剪掉一截，不是就能充分展示年轻女子的身材，让少女们洋溢着青春气息吗？"

玛莉立即停止了散步，兴奋地跑回家中，连夜开始制作起来。改完后的裙子真是漂亮极了，它使人浑身上下都散发着迷人的活力。玛莉给这种裙子取了个非常好听的名字——"迷你裙"。

"迷你裙"刚一上市，就被抢购一空。

"迷你"风很快就席卷了整个英国，英国少女爱它爱得如醉如痴，穿这种"迷你裙"的少女出奇的多。很快地，这股热潮开始席卷其他国家和地区。玛莉也因此登上了"流行服饰产业女王"的宝座。

只要用心，从一句最普通的话中都能获得创意，捕捉到创新的契机。这并不需要高深的学问，也没有太多深奥的道理，你所需要做的只是从身边开始，留心生活中的点点滴滴。

创新就是这么简单，它没有高深莫测之处，而是隐藏在我们的生活细节之中。王致和腌豆腐失败了，却意外地收获了臭豆腐的制作方法；摩根从与妻子卖鸡蛋的经验中，总结出了经营销售的理论；别人一句不经意的话语，却成为玛莉引领服饰风尚的契机。创新伸手可及，它普遍存在于我们的日常生活中，我们每个人都在自己的工作、学习和生活中或多或少、自觉不自觉地进行着创新。学生解题时的一个新思路，老师教学时的一个新方法，工厂研发的一个新产品，科学的一个新构想，销售的一个新点子，甚至厨房的一个新菜式，这些都是创新。你还觉得创新高不可攀吗？

创新无处不在，细心地观察生活中的点点滴滴，做到处处留心就能处处创新。创新不在高高的天空，它就在你的身边。

# 创新没有终点

很多人都会有这样的想法："创造发明是多么了不起的成就，人生有如此一次经历便死而无憾了。"这些人往往容易沉醉在自己所取得的一些小小成就里，他们的成功步伐就像蜻蜓点水，浅尝辄止。

德国著名作家歌德曾说："不断变革创新，就会充满青春活力；否则，就可能会变得僵化。"

创新是一个动态的概念，是与时俱进发展的概念，而不是静止不动的概念，人生的道路上，要想达到成功不息，就要做到创新不止。

从某种意义上讲，一个人一生能获一次诺贝尔奖就可谓功成名就，不虚度此生了。能两次获得诺贝尔奖的人不是绝无仅有，也是凤毛麟角。

这样的"凤毛麟角"全世界只有数得着的几位：

美国物理学家巴丁因发明世界上第一支晶体管和提出超导微观理论分别获 1956 年和 1972 年的诺贝尔物理学奖。

美国化学家鲍林因为将量子力学应用于化学领域并阐明了化学键的本质，致力于核武器的国际控制并发起反对核试验运动而荣获 1954 年的化学奖和 1962 年的和平奖。

英国生物化学家桑格由于发现胰岛素分子结构和确定核酸的碱基排列顺序及结构而分别获 1958 年和 1980 年的诺贝尔化学奖。

波兰裔法国女物理学家、化学家居里夫人，因发现放射性物质和发现并提炼出镭和钋荣获 1903 年的诺贝尔物理学奖和 1911 年的化学奖。

有一次居里夫人的朋友去居里家拜访时，发现居里夫人的小女儿在玩她刚从英国皇家获得的金质奖章，朋友责怪居里夫人不该把那么贵重的东西给孩子玩。居里夫人笑笑，很坦然地告诉朋友，"荣誉好比玩具，只能玩玩，绝不能守着它，真正的科学家应该有更远大的目标"。

值得一提的是，在 1903 年居里夫妇获得诺贝尔物理学奖后，1906 年居里夫人的丈夫皮埃尔·居里因车祸身亡，居里夫人强忍悲痛，继续从事放射性研究。1910 年，她分离出 0.1 克纯镭金属，并确定了镭发射的 β 射线就是电子束流。由于居里夫人取得的这些重大成果，1911 年她再度被授予诺贝尔化学奖，成为第一个在不同学科领域获得两次诺贝尔奖的科学家。居里夫人的忘我献身精神、严格的科学态度和她的成就一样，受到世界科学界的广泛推崇。后人将放射性强度的单位命名为居里。

居里夫人是一个科学家，更是一个创新者，她比很多只获得过一次诺贝尔奖的科学家成功的地方就在于，她知道"创新不是成功的'尾声'，而是下一个成功的开始"。所以她在科学研究中所取得的成就比一般科学家所取得的还要多，成功之路走得比他们还要长。

郑孝和是一个普普通通的农家子弟，但他用创新书写了中国茶叶界的传奇。他所经营的天方茶业集团是中国茶业的十强企业之一。

在天方茶业集团里，"创新者无敌" 5 个大字随处可见。对于董事长郑孝和而言，创新是他的座右铭，是他一直在孜孜不倦追求的东西。

在郑孝和做茶叶生意之前，他做过很多小生意，后来他看准了茶叶行业潜在的商机，开始了他的茶商生涯。

刚开始做茶叶生意时，由于经营规模小，加上竞争激烈，郑孝和的生意十分冷清。为了改变这种状况，他没少花心思。

经过认真观察，他发现当时茶叶市场的品种十分单调，缺乏亮点，于是他别出心裁，独树一帜地开发了养生菊花八宝茶等系列保健茶，这使他在短短的时间内就在市场中赢得自己的位置并获得同行的瞩目。

但他并没有就此打住，不久后，他在各大城市成立了办事处和销售机构，并且请来唐国强出任天方系列茶叶的形象代言人。这在茶界是史无前例的，天方茶业令同行刮目相看。

虽然天方茶业集团靠保健茶在市场中牢牢站稳了脚跟，但是郑孝和并不满足，他还要创新，他一心只想做得更好。

郑孝和开始研究当地茶史，最终将目光锁定在一种名为"雾里青"的茶叶上。"雾里青"曾经被称为"仙芝""嫩蕊"，其价值贵过珍宝，是进贡朝廷的特定贡茶，他认为"雾里青"所蕴含的茶文化将是促成天方基业长青的一块基石。

他开始建立自己的茶叶原料基地，并投巨资开发"雾里青"。

很快，古老而辉煌的"雾里青"在郑孝和的经营之下揭开了神秘的面纱，重现于世，其包装按历史原貌采用景德镇青花瓷罐，并在热播全国的电视剧《雪白雪红》中专门讲述了"雾里青"的故事，从此，"雾里青"进入了公众视线并备受青睐。

郑孝和表示，"雾里青"并不是他的终点，他还要在茶叶经营领域有更大的创新。

郑孝和从一个茶商一跃成为茶业集团的负责人，这和他的创新精神密切相关。郑孝和一直用近乎挑剔的目光审视自己的现在和过去，以超越的姿态不断否定和挑战自我。他的创新精神是一种永不满足、敢为人先、勇于探索的精神。

创新永远无止境，没有谁敢说自己已经做到最好，要想取得更大的进步、更大的成功，你能做的，就是不断创新、不断超越。

创新，只有起点，没有终点。

# 第二篇

## 打破头脑中的束缚

# 第四章　经验定式

## 经验有时候会变成桎梏

相信很多人都听过跳蚤的故事，以跳得高著称的跳蚤被装在盖了玻璃的器皿一段时间后，竟然只跳到低于器皿的高度。因为屡次的碰撞让它们形成了这样的经验定式：我的头顶有障碍物，我是跳不出去了。

由此可见，经验定式是多么的可怕，它把你本来可以发挥的潜能磨掉甚至扼杀。

一块玻璃就把跳蚤给框住了，很多人以为这只是动物试验，而我们人类并没有什么框框，也没有受什么束缚，可以海阔天空、无拘无束地思考问题、做事情。然而实际情况并非如此。下面这个故事就可以证明这一点。

一代魔术大师胡汀尼有一手开锁的绝活，他曾为自己定下一个富有挑战性的目标：无论多么复杂的锁，都要在60分钟之内打开。

有一个英国小镇的居民决定向胡汀尼挑战，他们特意打制了一间坚固的铁牢，配上了一把非常复杂的锁，向胡汀尼挑战。

胡汀尼接受了挑战，他走进铁牢，牢门关了起来。胡汀尼用耳朵紧贴着锁，专注地工作着。

30 分钟过去了，45 分钟过去了，一个小时过去了，锁还未打开，胡汀尼头上开始冒汗了。

两个小时过去了，胡汀尼还未听到锁簧弹开的声音，他筋疲力尽地将身体靠在门上坐了下来，结果牢门却开了！

原来牢门根本没上锁，而是胡汀尼心中的门上了锁！

这是一把无形的锁，比框住跳蚤的玻璃片更严重。

经验让开锁大师形成了这样的思维定式：按着步骤来，只要听到锁簧弹开的声音便大功告捷。这种固定的思维模式在以往或许十分管用，但在情况发生变化时它就像一把枷锁，牢牢把大师给套住了。

没有上锁的牢门，只要大师抛下以往的丰富经验，用力一推，门便会应声而开。

一个小孩在看完马戏团精彩的表演后，随着父亲到帐篷外拿干草喂养表演完的动物。

小孩注意到一旁的大象群，问父亲："爸，大象那么有力气，为什么它们的脚上只系着一条小小的铁链，难道它们无法挣开那条铁链逃脱吗？"

父亲笑了笑，耐心为孩子解释："没错，大象是挣不开那条细细的铁链。在大象还小的时候，驯兽师就是用同样的铁链来系住小象。那时候的小象，力气还不够大，小象起初也想挣开铁链的束缚，可是试过几次之后，知道自己的力气不足以挣开铁链，也就放弃了挣脱的念头。等小象长成大象后，它就甘心受那条铁链的限制，而不再想逃脱了。"

正当父亲解说之际，马戏团里失火了，大火随着草料、帐篷等物，燃烧得十分迅速，蔓延到了动物的休息区。

动物们受火势所逼，十分焦躁不安，而大象更是频频跺脚，仍是挣不开脚上的铁链。

炙热的火势终于逼近大象，只见一只大象将被火烧着，它灼痛之余，猛然一抬脚，竟轻易将脚上铁链挣断，迅速奔逃至安全的地带。

其他的大象，有一两只见同伴挣断铁链逃脱，立刻也模仿它的动作，用力挣断铁链。但其他的大象不肯去尝试，只顾不断地焦急转圈跺脚，最后遭大火席卷，无一幸存。

在大象成长的过程中，人类聪明地利用一条铁链就限制了它，虽然那样的铁链根本系不住有力的大象。

在我们的成长过程中，也有许多肉眼看不见的链条在系着我们，那些无形的链条就是经验、教诲、教训与世俗，它们编成一幅大网，牢牢地把我们禁锢在里面，我们像大象一样很自然地将这些链条当成习惯，没有试过也没想过要去挣脱它。这种经验定式的限制，致使我们失去了很多创新的机会，创意被抹杀，没有突破性进展，无法成为一个更开拓进取的人……

难道，我们必须耐心静候生命中的那场大火，逼得我们走投无路，然后不得不死里逃生才选择挣断那些链条？如果那场大火燃不起来，我们是否注定要庸碌一生？

现在，尝试用力地抬一下脚，说不定你马上就可以跨越经验的羁绊。

## 经验也会"一叶障目"

据说，哥伦布在横越大西洋的航程中，船上带了很多经验丰富的老水手。一天傍晚，一位老船员看见一群鹦鹉朝东南方向飞去，便高兴地说："我们快要到陆地了！因为鹦鹉要飞到陆地上过夜。"于是，哥伦布指挥船队向鹦鹉的方向追去，很快发现了美洲大陆。

我们生活在一个经验的世界里。从小到大，我们看到的、听到的、感受到的、亲身经历过的各种各样的大小事件和现象，都成了我们人生的智慧和资本。常听人说："我吃的盐比你吃的米都多。""我过的桥比你走的路都多。"人们常以经验多而自豪。

在一般情况下，经验是我们处理日常问题的好帮手。只要具有某一方面的经验，那么在应付这一方面的问题时就能得心应手。特别是一些技术和管理方面的工作，非要有丰富的经验不可。老司机比新司机能更好地应付各种路况，老会计比新会计能更熟练地处理复杂的账目。所以，很多时候，经验成了我们行动所依靠的拐杖。但经验不是放之四海而皆准的真理，经验也给我们带来不少沉痛的教训，因为经验是相对稳定的东西，是属于过去式的"历史"，但现实又是一直在不断变化发展的。所以，经验并不一定能解决当前的问题。

例如下面这个故事：

在酒吧间，甲、乙两人站在柜台前打赌，甲对乙说："我和你赌100元钱，我能够咬我自己左边的眼睛。"乙伸出手来，同意跟他打赌。于是，甲就把左眼中的玻璃眼珠拿了出来，放到嘴里咬给乙看，乙只得认输。

"别泄气。"提出打赌的甲说，"我给你个机会，我们再赌100元钱，我还能用我的牙齿咬我的右眼。"

"他的右眼肯定是真的。"乙在仔细观察了甲的右眼后，又将钱放到了柜台上。可结果乙又输了。原来甲从嘴里将假牙拿了出来，咬到了自己的右眼！

乙为什么连输两次呢？因为第一次的失败告诉了他：甲的左眼是假的，所以能拿下来用嘴咬。吸取了第一次的经验教训后，他确定甲的右眼绝对不是假眼，因而不可能被牙咬到。他万万没想到，甲的右眼虽然不是假眼，但牙是假牙。乙输就输在经验造成的思维定式中，所以，经验也会"一叶障目"。

还有一个关于小虎鲨的故事也告诉我们，经验会让我们陷入困境。这个故事已经被西点军校用来做训诫学员的"反面教材"。

小虎鲨长在大海里，当然很习惯大海中的生存之道。肚子饿了，小虎鲨就努力找大海中的其他鱼类吃，虽然有时候要费些力气，却也不觉得困难。有时候，小虎鲨必须追逐很久才能猎到食物。这种难度，随着小虎鲨经验的长进越来越不是问题，并不对小虎鲨的生存造成影响。

很不幸，小虎鲨在一次追逐猎物时被人类捕捉到。离开大海的小虎鲨还算幸运，一个研究机构把它买了去。关在人工鱼池中的小虎鲨虽然不自由，却不愁猎食，研究人员会定时把食物送到池中。

有一天，研究人员将一片又大又厚的玻璃放入池中，把水池分隔成两半，小虎鲨却看不出来。研究人员把活鱼放到玻璃的另一边，小虎鲨等研究人员放下鱼之后，就冲了过去，结果撞到玻璃，疼得眼冒金星，什么也没吃到。小虎鲨不信邪，过了一会儿，看准了一条鱼，咻地又冲过去，撞得更痛，差点昏倒，当然也没吃到。休息 10 分钟之后，小虎鲨饿坏了，这次看得更准，盯住一条更大的鱼，咻地又冲过去，情况没改变，小虎鲨撞得嘴角流血。它想，这到底是怎么回事？小虎鲨趴在池底思索着。

最后，小虎鲨拼着最后一口气，再冲！但是仍然被玻璃挡住，这回撞了个全身翻转，鱼还是吃不到。小虎鲨终于放弃了。

不久，研究人员来了，把玻璃拿走，又放进小鱼。小虎鲨看着放到嘴边的鱼食，却再也不敢去吃了。

西点军校的教官告诫学员：人类也很容易像小虎鲨一样被过去的经验所限制，如果你不想没有食物吃，那就勇敢地跨过经验这道门槛。

经验告诉我们的只是过去成功或失败的过程，而不是未来如何成功的方法。你千万不要以为在人生这个广袤的大海里，只能抱着那些曾经的经验，在祖辈开辟的领海中游弋。只要转一个方向，你就会发现，因为一次海底火山喷发，你又多了一个阳光、温度、盐度、养分和压力都非常适宜的水域。

## 跳出经验，独辟蹊径

古希腊有一个"戈迪阿斯之结"的故事。

凡是来到弗里吉亚城朱庇特神庙参观的人，都会被引导去看戈迪阿斯王的牛车。人们都交口称赞戈迪阿斯王把牛轭系在车辕上的技巧。

"只有很了不起的人才能打出这样的结。"有人这样说。

"你说得很对，但是能解开这结的人更加了不起。"庙里的神使说。

"为什么呢？"

"因为戈迪阿斯不过是弗里吉亚这样一个小国的国王，但是能解开这个结的人，将成为亚细亚之王。"神使回答。

此后，每年都有很多人来看戈迪阿斯打的结子。各个国家的王子和政客都想打开这个结，可总是连绳头都找不到，他们根本就不知从何着手。戈迪阿斯王死了几百年之后，人们只记得他是打那个奇妙结子的人，只记得他的车还停在朱庇特的神庙里，牛轭还是系在车辕的一头。

有一位年轻国王亚历山大，从隔海遥远的马其顿来到弗里吉亚。他征服了整个希腊，他曾率领不多的精兵渡海到达亚洲，并且打败了波斯国王。

"那个奇妙的戈迪阿斯结在什么地方？"他问。

于是他们领他到朱庇特神庙，那牛车、牛轭和车辕都还原封不动地保留着原样。

亚历山大仔细察看这个结。他对身边的人说："过去许多人打不开这个结，都是陷入了一个窠臼，都认为只有找到绳头才能将结打开。我不相信我打不开这个结。我也找不到绳头，可是那有什么关系？"说着，他举起剑来一砍，把绳子砍成了许多截，牛轭就落到地上了。

亚历山大说："这样砍断戈迪阿斯打的所有结子，有什么不对？"

接着，他率领军队征服亚洲，缔造了一个从希腊到印度的空前庞大的帝国。

为什么"戈迪阿斯之结"成了无人能解的结，因为经验告诉企图尝试的人们，解结的方式就是要在不能把绳子弄坏弄断的情况下将绳头找到，才能打开死结，但亚历山大大胆跳出这种传统的经验，采取了违反常规的做法。新的想法、新的创造，成就了一个亚细亚之王。

做事情的时候，我们也可以这样问自己："这样做，有什么不对呢？"

诸葛亮足智多谋，被世人所称道。是什么让诸葛亮的脑中总有那么多的智慧谋略呢？

估计很多人都听过诸葛亮出师的故事。

诸葛亮少年时，曾和徐庶、庞统等人同拜水镜先生为师。三年拜师期满，这天早上，先生把大家召集起来说："从现在起到午时三刻，谁能想出好主意，得到我的许可，走出水镜庄，谁就算学成出师了。"

弟子们陷入了深深的思索之中。

有的弟子说："庄外失火了！我得出去救火。"先生微笑着摇摇头。

有的弟子谎称："家有急事，要速归。"先生毫不理睬。

庞统说："先生，如果你能让我出去，我一定能想出办法请先生允许我到庄外走走。"先生也不为之所动。

眼看午时三刻就要到了。诸葛亮脑子一转，计上心来。只见他怒气冲冲地奔到堂前，指着先生的鼻子破口大骂："你这先生太刁钻，尽出歪题害我们，我不当你的弟子了！还我三年的学费！快还我三年的学费！"

这几句话把先生气得脸色发青，浑身颤抖，厉声喝道："快把这个小畜生给我赶出去！"

诸葛亮却执意不走，徐庶、庞统好说歹说把他拉了出去。

但是一出水镜庄，诸葛亮哈哈大笑，捡起一根柴棒后跑回庄内，跪在水镜先生面前说："刚才为了考试，不得已冒犯恩师，弟子甘愿受罚！"说着，送上柴棒请罪。

先生这才恍然大悟，立即转怒为喜，拉起诸葛亮高兴地说："为师教了这么多徒弟，只有你真正出师了。"

在上面的例子中，我们不难看出诸葛亮的智慧。"一日为师，终身为父"，尊重恩师是千百年来前人留给后人的经验、教诲，违背的人就是大逆不道，被世人所唾弃。但在解决问题的时候，为什么不对这种经验定式善加利用呢？水镜先生也深受这种经验的束缚，面对学生的不敬自然是怒火冲天，岂知中了诸葛亮的圈套。诸葛亮善用经验，跳出经验的思维定式，为自己的出师开辟出一条新路。

经验本身没有错，它是前人留下的宝贵财富，对我们来说有很大的指导意义。但我们要在合适的时机用好经验，因为经验会形成一种思维定式，有时候这种思维定式会变成一种枷锁，妨碍我们打开新思路，寻找新方法，时间长了就会削弱我们的创新力。

勇敢跳出经验定式吧，为自己的创新开辟新路。

## 第五章　书本定式

# 不要读死书

有些人总是以为自己读的书很多，掌握的知识很多，所以，什么事都不放在眼里。事实上，这种人虽学却不思，经常死搬教条。所以，这种人读书只能是走进去，不能走出来。把书本知识奉为一成不变，可以原书照搬的教条，这种读死书的人最终将会一事无成。

"读死书，死读书"是一种很失败的学习方法，这种人"学而不思"，拼命往脑袋里塞东西，却不会用大脑去消化和吸收。

顾炎武用"行万里路，读万卷书"来表达自己的主张。

朱熹也曾提出"先须熟读，使其言皆若出于吾之口，继以精思，使其意若出于吾之心"。读书要注重边读边思考，要注重理解和感悟，不要死背教条，与思想脱离。

读死书，死读书，学习但不思考，这种人不但为书所累，而且往往成为书的奴隶。

有位年轻人想学禅，找到一位著名的禅师。禅师开导他很长时间，年轻人还是找不到入门的路径。于是，禅师端起茶壶，朝年轻人面前的碗里倒茶。茶碗已经斟满，禅师还在不住地倒。年轻人终于忍不住，提醒说："师父，别倒了！茶杯已经装不下了。"

禅师这才停住手，慢悠悠地说：

"是啊，装不下了。你也是这样，要想学到禅的奥妙，就必须把头脑腾出空来，把充塞其中的幻象和杂念清除出去。"

听了此言，年轻人当下大悟。

从读书经历来说，大约总要经过几个阶段才能悟出其中的道理。初读书时，常常认为书中说的就是真理，对书本敬佩得五体投地。但从来不去思考，书中说的就一定对吗？与现实吻合吗？不去质疑，不去消化，不去应用，脑袋就像填塞书的容器，读死书最终为书所累。

爱因斯坦提出相对论后，人们对爱因斯坦的智力很感兴趣，有人拿当时十分流行的"科学知识测验"中的一些题目来考他：

"您记得声音的速度是多少吗？"

"您是如何拥有渊博知识的？"

"您是把所有东西都记在笔记本上并且随身携带吗？"

爱因斯坦回答说："我从来不携带笔记本，我常常使自己的头脑轻松，把全部精力集中到我所要研究的问题上。至于你问的声音的速度是多少，我必须查一下资料才能回答，因为我从不记在资料上能查到的东西。我在上学时，就对那种要学生死记公式、人名、事件的教育十分不满，其实要想知道这些东西，在书本上很容易就能翻到，根本用不着上什么大学，人们解决问题依靠的是大脑的思维能力和智慧，而不是照搬书本。"

爱因斯坦之所以能提出那么多新理论，这和他的读书方法不无关系。他不读死书，他不浪费时间去死记硬背那些不值得记忆的东西；他善于放弃和清空死知识，使自己头脑始终保持一种轻松良好的状态；他边读书边思考，不受书本定式的束缚。所以，他能够取得他人难以企及的成就。

读死书，盲目地崇拜书中之言，把书上所述奉为教条、视为宗旨，不结合现实进行思考，其结果就是死读书，成为一个地道的书呆子。现实不需要这种读书的机器，这种人只能被社会淘汰。我们读书要边读边思，对书要分析批判地读，做到取其精华去其糟粕，这样才能有所进步、有所创新。

# 纸上得来终觉浅

书本知识对人类所起的积极作用是巨大的。因为书本是一种系统化、理论化的知识，是千百年来人类经验和体悟的智慧总结，是人类有史以来共同创造的知识财富。因为有了书本，前一代人得以很方便地把自己的观念、知识和价值体系传递给下一代人，使后人能够站在前人的肩膀上再提高，而不必事事从零开始；因为有了书本，我们可以在片页之间向全世界古往今来的伟人和智者求教和展开思想交流，学习他们的智慧，丰富自己的学识，帮助我们更好地面对人生。

所以，我们通常情况下做到"读书破万卷"，就能"做事如有神"。

1791 年深秋，拿破仑进军荷兰。荷兰军队打开运河，法军统帅皮舍格柳率领的大军被洪水阻拦，无法前进。就在皮舍格柳无奈之下准备撤军时，他看到树上蜘蛛正在大量吐丝结网，于是马上下令停止撤退，准备进攻。不久，寒潮即到，一夜之间江水冰封，法军冲过瓦尔河，一举占领了要塞乌得勒支城。

我们想一想，假如皮舍格柳没有丰富的气象知识，他可以根据蜘蛛吐丝结网，做出气候将变冷，江河将冰封的判断吗？那显然是不可能的，可见书本知识能给人类带来无穷的智慧。

但是，书本知识也和任何事物一样会有弱点，会有滞后性，即知识也会过时。书本反映的是过去的理想化的状态，与客观现实之间往往存在一段差距，所以，光靠课本获取知识而没有进行实践，那你获得的东西将会是很肤浅的。

在赤道，一位小学老师努力地给他的学生说明"雪"的形态，但不管他怎么说，学生也不能明白。

老师说："雪是纯白的东西。"

学生以为："雪像盐一样。"

老师说："雪是冷的东西。"

学生猜测："雪像冰激凌一样。"

老师说："雪是粗粗的东西。"

学生就描述说："雪像沙子一样。"

老师始终不能告诉孩子雪是什么。

最后，他在考试的时候出了"雪"的题目，结果有几个学生回答："雪是淡色的、味道又冷又咸的沙。"

老师说不清什么是雪，大自然奥妙无穷，又有谁说得清呢？我们学到的知识都是别人刻写在书上的，我们没有见过没有亲身经历过的，又怎能深刻体会到所学东西的真正含义呢？

因此，书读得再多，也不能证明我们就学到了知识，掌握了知识，就像赤道上的孩子如果没见到雪，仅凭书本上的描述永远无法想象出雪的样子来。

南宋著名诗人陆游曾在《冬夜读书示子》中对他的儿子进行劝勉道：

古人学问无遗力，少壮功夫老始成。

纸上得来终觉浅，绝知此事要躬行。

如果你不以纸上得来的东西为满足，那么你就应把书上的知识运用到实际中去，这样不但可免于浮躁，还可在运用之中获得更多、更丰富的知识。

很久以前，有一位学子不远千里四处访师求学，为的是学到真才实学，可让他感到苦恼的是，他学到的知识越多，就越觉得自己无知和浅薄。

一次，学子遇一高僧，便向他求教。高僧听了学子的诉说后，静静地想了一下，然后慢慢地问道："你求学的目的是为了求知识还是得智慧？"

学子大悟。

"纸上得来终觉浅"，只有我们真正把知识用在现实生活中，我们才能把"求知识"变为"得智慧"。

# 做到"书为我所用"

赵括是赵国名将赵奢的儿子,从小熟读兵书,谈起用兵之道,连赵奢都对答不上来。但赵奢并不以为然。有人问其中缘由,赵奢说,用兵不是简单的事情,这学问很深,并不仅仅是读几本兵书的事情,而赵括只会纸上谈兵。

后来,秦国进攻赵国,赵王听信谗言,撤回廉颇,任用赵括为将。秦国大将白起听到赵括为将后,便带兵攻打赵营,然后诈败。而这时,赵括根据兵书上"一鼓作气""除恶务尽"的教诲,出兵追击,结果被乱箭射死。

这便是"纸上谈兵"成语的出处,在纸上谈论打仗,空谈不能解决问题。无独有偶,三国中的马谡也因迷信书本、纸上谈兵而丢掉生命。

《三国演义》中,"熟读兵书,谙熟兵法"的马谡在守卫街亭的战斗中,不听王平劝阻,在山上屯兵,认为这样可"凭高视下,势如破竹";如敌兵截断水道,我军亦会"背水一战,以一当十"。马谡的这些观点都能在兵书上找到依据,可白纸黑字的兵书与刀光剑影的战场毕竟是两回事。蜀军在被围后,不仅不能"以一当十",反而"军心自乱,不战而溃"。最后,熟读兵书的马谡未能在战争史上留下一场经典之战,却因诸葛亮的"挥泪斩马谡"而"流芳百世"。

赵括和马谡的书本知识不可谓不精深,但由于他们不顾实情,一味从书本出发,不会活用书中知识,结果不仅未能享受到这些渊博的书本知识带来的好处,相反还因此招来了灾祸。

读书是为了获取知识,获取知识是为了运用,无法运用的知识毫无价值可言。知识贫乏不利于创新,知识太多,把自己淹没在知识的海洋便不会呼吸，同样也不利于创新。我们要做的是，灵活运用所学的知识，达到创新的目标，亦即做到"书为我所用"。

一次，正在研制电灯泡的爱迪生想知道灯泡的体积，便让从大学数学专业毕业的助手阿普拉去测量。

阿普拉听到爱迪生要求他测量灯泡的体积，便又是量灯泡的直径，又是量灯泡的周长，然后列出公式进行计算。由于灯泡不是球形，计算起来十分复杂，算了密密麻麻几大张纸，仍没有结果。

过了个把小时，爱迪生催问结果，阿普拉还没算好。爱迪生一看，他算得太复杂了，便拿起灯泡沉在水里，让灯泡中灌满了水。然后把灯泡中的水咕嘟咕嘟地倒在量筒中，看完量杯读数，便轻而易举地测出了灯泡的体积。

阿普拉是大学数学系毕业的，学历高，掌握的书本知识也肯定相当丰富，可在碰到"测量灯泡体积"这一并未超过他本专业范围的问题时，却还不如只念了三个月小学的爱迪生！

这种现象在我国并不少见，很多刚毕业的学生包括本科生、硕士生甚至博士生，他们在学校里或许是很优秀的学生，但走上工作岗位后往往会碰到所学知识派不上用场的尴尬。很大一部分原因是他们在学校里知道用惯例解决问题的方法，但工作后他们还习惯从教科书中找答案。毫无疑问，用教科书里已知的或过时的知识肯定无法创造性地解决眼前的问题。

人们常说，知识就是力量，这句话实际上说得并不确切。确切地说，知识的运用才是力量。满脑子都是知识，但这些知识一直隐藏在脑子里，从来都没有把它运用出来，这样的知识有什么力量呢？如果一个人获得了一些知识，哪怕是很少的知识，但是他能把这些知识创造性地运用到实践中去，这样知识才会产生力量，才会实现它的价值。

所以，一个会读书的人，一个拥有知识的人，是一个能跳出书本定式，并做到"书为我所用"的人。

# 第六章　权威定式

## 不要总被权威牵着鼻子走

　　每一种事物都有两面性，权威有益处亦有害处。它为我们节省了无数的时间和精力。我们不必再从头研究几何学，只需学一学阿基米德的理论就行了；我们不必等几百年后看资本主义是怎样灭亡的，只需读一读马克思的著作就行了；我们不必亲自去"看云识天气"，只需听一听中央气象台的天气预报就行了……所有这些都是简便而有效的方法。

　　因此，在现实社会中必须有权威存在，但权威所说的话，并非句句都是真理，权威也会说错话、做错事；世上没有永远的权威，再大的权威，他的学说也会陈旧，他的力量也会消逝，我们不能对他们产生迷信，被权威牵着鼻子走，否则人类社会便不会向前迈进。

　　有人牵了一匹马到集市上去卖。

　　一连过了好几个早晨，连一个问价的都没有。

　　有一天，伯乐来到集市朝这匹马看了几眼，在马颈上拍了两下，赞叹道："好马，好马！"

　　于是，人们纷纷抢购，马的价格一下抬高了10倍还多。

　　人们盲目迷信权威，连是好马还是孬马都没区分，就被权威牵着鼻子走了。

当我们面对新事物、新问题，需要开拓创新时，权威定式就会变成"思维枷锁"，阻碍新观念、新理论的产生，甚至将人引入歧途，这时候人们总有意无意地沿着权威的思路向前走，总是被权威牵着鼻子走。

一次，一群猴子抬着一大筐西瓜来孝敬美猴王。美猴王从未吃过西瓜，不知该如何下口。

忽然，他灵机一动，说道："小的们，我来考考你们，这西瓜该吃瓤，还是吃皮？答对的有赏。"

一只小猴子抢着说道："吃西瓜得吃西瓜瓤，西瓜皮不好吃。"

话音未落，一只德高望重的老猴子说道："不对，吃西瓜当然得吃西瓜皮，哪有吃西瓜瓤的？"

众猴子一齐点头称是。

美猴王拍了拍老猴子的肩膀，笑道："姜还是老的辣！"

于是，那只小猴子受"罚"吃西瓜瓤，西瓜皮则被美猴王等"分享"了！

在猴子们的眼里，老猴子无疑是德高望重、不可超越的权威。猴子们就形成了以老猴子的是非为标准来处理问题的习惯，而失去了独立思考能力，甚至连练就了一双"火眼金睛"的美猴王都不能幸免。权威定式的危害性可见一斑。

当然，这只是一个神话故事。可在现实生活中，人们的思维往往难以摆脱权威定式的束缚，总是有意无意地被权威牵着鼻子走，于是引发了一个又一个"美猴王吃西瓜皮"的故事。

唯一有所不同的是，猴子们不突破思维定式，只是享受不到西瓜的美味；而人类迷信权威，头脑为权威定式束缚，则会造成极大的危害，甚至产生难以想象的恶果。比如，布鲁诺因为提出了"地球绕着太阳转"这一与权威"地心说"相违背的新学说而被烧死在罗马鲜花广场上；挪威数学家阿贝尔写的关于高等函数的论文，由于遭到了数学权威们的否定而被打入冷宫，在他死后十多年才重见天日，并被公认为 19 世纪最出色的论文之一……

在权威的鼻息下生活惯了的人们，习惯于听从权威而失去了独立思考的能力。因而一旦失去了权威，他们常常会感到手足无措。在近代西方，当《圣经》和教会的权威衰落以后，很多人感到惶惶不安——"失去了上帝的引领，人类将走向哪里？"只有经过较长的一段时间，等到自我思维的能力完全恢复之后，那种"没妈的孩子像棵草"的焦虑状态才能完全消失。

所幸的是，古今中外，有不少人常常意识到权威定式的危害，他们敢于挣脱权威的牵绊，充分发挥自己的创造性，为自己的创新之旅做好铺垫。

敢于推翻权威，这本身就是一种创新行为。因而，我们必须时常提醒自己：一定不要被权威牵着鼻子走。唯有这样，我们才能在自己的道路上快步前进。

## 你需要挑战权威的勇气

挑战权威不是说出来的，而是做出来的，挑战权威的人可能会遭到权威的打压和权威拥护者的诘难。因而，挑战权威需要勇气。

16 世纪的欧洲，研究科学的人大多都信奉亚里士多德，把这位 2000 年前的希腊哲学家的话当作不容更改的真理。谁要是怀疑亚里士多德，人们就会责备他："你是什么意思？难道要违背人类的真理吗？"

伽利略却敢于"冒天下之大不韪"，大胆质疑亚里士多德的"物体下落的速度和重量成正比"的论断。1590 年，年轻的伽利略登上比萨斜塔的最高层，面对塔下人群热切的目光，自信地松开托球的双手，两只重量不同的铁球以相同的速度迅速地向下坠落，同时砸在地面上。伴着铁球撞地的响声，一个大胆挑战权威的真理诞生了，塔下响起了如雷鸣般的掌声！

权威，是很多人创新路上的最大障碍。

在权威的"丰碑"面前，很多人会不由自主地失去挑战和超越的勇气："那么多权威和专家都没能成功，就凭我，能行吗？"

但一个真正的有勇气的人，不会这么想。

微软是计算机软件领域绝对的权威，但让人难以置信的是，微软居然也有自己解决不了的难题：它所开发的 Word 软件不能处理所有的科技文档，在科学和信息技术高度发达的今天，这可是一个大问题。

微软派了精兵良将想解决这一难题，但苦攻多年，仍然没有结果。连微软都无法攻克的难题，偏偏就有一个中国人勇敢地发起了挑战，他就是湖北恩施的廖兆存，最终他将这一难题一举攻破，这个被誉为"补天石"的技术，填补了软件世界的一个空白。

正是具有挑战权威的勇气，很多人都取得了辉煌的成绩，

2005 年风靡中国的《大长今》中的主人公长今就是一个勇于挑战，总是会有超出常规想法的女孩，也正因如此，她才能从一个被放逐的罪人做到皇帝最信任的御医。

《大长今》中有这样一段背景：

百本对人体的药效极好，几乎所有的汤药之中都要加入百本。早在燕山君时代，百本种子就被带回了朝鲜，其后足足耗费了 20 年的时间，想尽各种办法栽培，可是每次都化为泡影。

当时在多栽轩有资历的御医告诉长今，因为朝鲜的土壤并不适合种植百本。

但是得知百本的价值以后，长今决定要成功种植百本。

多栽轩的人听后说：

"百本种植了 20 年，都没有成功，你怎么可能种植成功呢？"

但是长今心中存在着疑问：朝鲜真的不适合种植百本吗？没有试

过怎么知道不可以呢？

于是，她开始不断地尝试和探索。她不仅一遍遍地用不同方法种植，而且开始翻阅所有关于百本与种植方面的书。

经过不懈努力，长今终于成功地种植出了百本，创造了种植百本的方法，攻破了这个20年来都没有人攻破的难题。

长今的成功，是因为她没有盲目接受颇为资深的御医的思想，没有轻信权威人士的劝告。所有关于百本的惯性思维，在她这里停止，并拐了一个180度的弯。

无论是"权"还是"威"，都让人既感到压迫，又无比威严。在大多数人眼里，权威给出的结论就是盖棺定论。但事实上，权威并不见得就完全正确，也不意味着高不可攀。权威只是说明暂时还没有人走得比他更远。

所以，鼓起你挑战权威的勇气吧，你可能比任何人都走得更远。

# 第七章　从众定式

## "跟着大家走，没错！"

你应该有过这样的经历，你骑着自行车来到一个十字路口，看到红灯亮着，尽管你清楚地知道闯红灯是违反交通规则的，但是你发觉周围的骑车人都没有停车，而是对红灯视而不见地往前闯，于是你犹豫了一下，也跟着大家一起闯红灯。

比如，你经过几天几夜的思考，获得了一个自以为很好的新想法。当你把这个想法告诉一位同学时，那位同学说："你错了！"你又告诉第二位同学，第二位同学还是说："你错了！"于是，你告诉自己："大家都认为我是错的，看来我的确是错了。"

再比如，你与朋友们上街买衣服，在琳琅满目的商品中挑来拣去，你选中了一件自己喜欢的衣服，但朋友们普遍认为这件衣服不怎么好，不怎么适合你，不怎么实用等，罗列了一大堆意见。迫于多数人这种"无形的意见压力"，你最终放弃了自己的意见。

我们再来看一个生活中经常碰到的例子：

节假日有一家超市在搞优惠促销活动，于是发生了这样一个笑话：有一位老头儿，看见很多人挤着排队，自认为一定是买什么好东西，便跟在后面排了起来。排了一个多小时终于轮到他买了，一看每人只能买两包卫生纸，真是哭笑不得。

你看到上面事例的共同点了吗？不错，那就是从众。

从众，其实质就是一个人因受到群体的影响，最终放弃自己的意见，转变原有的态度，采取与多数人相一致的行为现象，也就是我们通常所说的"随大流"，它是引发思维定式的最常见也是最主要的因素之一。从众定式通常表现为在认知事物、判定是非的时候，多数人怎么看、怎么说，自己就跟着怎么看、怎么说，人云亦云；多数人做什么、怎么做，自己也跟着做什么、怎么做，缺乏独立思考的能力。它是思维定式中最常见、最重要的因素之一。

思维上的"从众定式"，使得个人有一种归宿感和安全感，能够消除孤单和恐惧等有害心理。另外，以众人之是非为是非，人云亦云随大流，也是一种比较保险的处世态度。你想，自己跟随着众人，如果说得对、做得好，那自然会分得一杯羹；即使说错了、做得不好也不要紧，无须自己一人承担责任，况且还有"法不责众"的习惯原则。所以，很多人愿意采取"从众"这种中庸的处世方式。

从众是人类或群体动物长期以来形成的生活方式，本来无可厚非，但有时人们的从众心理具有盲目性，大家都参与、自己也参与，从来不问所参与事情的是非对错，后果往往令人啼笑皆非。如果一个人做事情不独立思考、盲目跟从，那么，他一定会形成一种从众定式。从众定式是可怕的，这时候人们的思想被"随大流"所局限，自己的意志和思想无法发挥作用，更不可能做出创新之举。只有那些敢于跳出从众潮流，做出"与众不同"行为的人，才有可能摘取创新之果。

# 枪不一定打出头鸟

惩罚，是社会用来强化人们的从众定式的重要手段。一个从众定式较弱的人，常常被大家公认为"不合群""好斗""古怪"等。只要有机会，大家就会对这种人群起而攻之。

心理学家做过这样一次实验：在一个小组中，有一个经常标新立异、特立独行的"不合群"的人。心理学家请这个小组推荐一个人去参加一次令人不愉快的惩罚性实验，结果大家不约而同地推荐那位"不合群"的人；如果请同一个小组推荐一个人去参加一次有奖励的实验，结果大家谁也不愿推荐那位"不合群"的人。

这个实验充分说明，不从众的人会受到群体的排挤和攻击。尽管很多人不明白大家为什么要那么做，但越来越多的后来者加入到这个从众定式中来，而敢于"出头"的人越来越少了。

人都是害怕被孤立的，也习惯于在众人之中找到认同感和安全感，也往往是这种从众心理，使很多人不敢做出头鸟，不敢有和别人不一样的行为和想法，由此成为创新路上的一大阻碍。

福尔顿是一名物理学家。一次，他采取新的测量方法，测出了固体氦的热传导度，但这个结果，比按照过去的理论计算出来的数字高出了500倍。福尔顿感到这个差距太大了，如果公布了，难免会被人视为哗众取宠，于是，他既没有公布自己的测量结果，也没有进行更深入的研究。

没多久，美国一个年轻的科学家，在一次实验中也测出了固体氦的热传导度，其结果和福尔顿测出的一样，他如获至宝，立即公布了结果，很快就引起了科学界的广泛关注，赢得了一片赞誉，并由此发现了一种新的测量热传导度的方法。

得知这一消息后，福尔顿追悔莫及。

福尔顿的失败，归根结底，就是他害怕跟别人不一样，害怕自己会被人取笑。

枪不一定打出头鸟，一个真正的创新者，不仅是独特的，更是无惧的，且敢于冒尖的。他们的无惧，表现在不被别人的言行所左右，不被大众的习惯所束缚，勇于做一个面临各种危险的"出头鸟"。

很多奇迹就是由"出头鸟"来完成的。

"别人能做的事，我也能做。"一个小男孩这样说。他就是后来成为英国著名首相的比肯斯菲尔德。"我不是一个奴隶，我不是一个俘虏，凭我的力量，再大的困难我也能征服。"他的血管里流着犹太人的血，有着那个种族特有的精神气质。

当首相麦尔本问他将来想干什么时，这位活泼、大胆的年轻人回答说："我要当英国首相。"刹那间，讽刺、挖苦、嘲笑的声音立刻回响在众议院的大厅里。比肯斯菲尔德却平静地宣称："这个时候总有一天要到来，那时你们将在这里听见我的声音。"在议会选举中三次失败，他也丝毫没有动摇。他不断拼搏，从社会下层到中间阶层，再到上流社会，直到最后成为英国首相，镇定自若地站在政治和社会权力的中心位置，领导着那些对他的种族带有强烈偏见的人——他们曾极其轻视这位完全靠自我奋斗、没有任何背景的人。

想做一个创造奇迹的出头鸟，首先可能面对的就是人们不理解的目光和嘲讽的压力，但下定决心想要成功的人就应该像英国著名首相比肯斯菲尔德一样，敢于顶住各种压力，勇于做一个冒尖的"出头鸟"。

除了人们的冷嘲热讽，做"出头鸟"也许会冒一些风险，但冒险往往是成功的开始。很多创新者、科学家，他们的成功凭的就是一个"敢"字，一种敢为"出头鸟"的精神。所以我们要时刻警醒自己：不管别人如何得过且过、如何平庸，我们都不要随波逐流，要大胆地站出来，做一只勇敢的出头鸟。

# 真理往往在少数人手里

　　不论生活在哪个时代、哪种社会，最早提出新观念、发现新事物的，总是极少数人，而对于这极少数人的新观念和新发现，当时的绝大多数人都是不赞同甚至激烈反对的。为什么会这样呢？

　　因为每个社会中的大多数人都生活在相对固定化的模式里，他们很难摆脱早已习惯了的思维框架，对于新事物、新观念总有一种天生的抗拒心理。比如，哥白尼反对传统的"地心说"而提出"日心说"，主张地球绕着太阳转。这种学说首先就遭到了普通民众的反对。因为过去的"地心说"给人以稳定安全的感觉，而"日心说"使普通民众感到惶惶不安——脚下的大地不停地转动，我们地面上的人岂不要被甩出去了吗？地球要转到哪里去呢？转动的地球是一幅多么可怕的图景啊！但历史证明哥白尼的"日心说"是正确无误的。

　　自古英雄多磨难。古今中外，一切创新一开始都是对抗世俗的，是不被大众所接受的。如耶稣的说教与传统犹太教不同，被钉在了十字架上；布鲁诺宣扬"日心说"而被天主教会判处火刑；提倡"社会契约论"的卢梭则东躲西藏，终生不得安宁；马寅初因提出控制人口，被公开批判了几十年……

　　背叛大众需要有承担风险、接受嘲笑乃至批判和流血牺牲的心理准备。当真理不被认识的时候，它永远是掌握在少数人手中，大众则处于被愚弄的位置，这是一种悲剧。

　　真理的发现总是伴随着排斥、责问、惩罚等磨难。

　　只有顶得住社会舆论的重重压力和批判，在大众无法理解甚至不断排挤的心态下坚持己见，经过或短或长的时间，这些真理必然会被慢慢传播出去，普及开来，为大众所接受，才能最终赢得胜利的曙光。

日本有一家纺织公司的董事长，名叫大原总一郎，他曾提出一项维尼纶工业化的计划。但是，这项计划在公司内部遭到普遍反对。大原总一郎不屈不挠，坚持推行自己的原定计划，终于大获成功。他父亲经常对他说："一项新事业，在10个人当中，有一两个人赞成就可以开始了；有5个人赞成时，就已经迟了一步；如果有七八个人赞成，那就太晚了。"

为了适应日益激烈的社会竞争，提高自己独立创新的思考能力，我们必须削弱思维从众倾向，克服从众心理。

慢慢地弱化这种观念，要充分认识到"真理往往掌握在少数人手中"的道理。在面对新情况、新问题进行思考的时候，本着开放的思想，不必过多地顾忌多数人的意见，不必以众人的是非为是非，这样才能真正打破封闭、开阔思路，发现新事物，并最终取得成功。

杰出的德国气象学家魏格纳，发现大西洋两岸的地形非常相似，如果把它们并在一起，几乎不留什么空隙。于是在1912年，他提出了大胆的假说："地球上最初只有一块原始大陆，现在的各块大陆是原始大陆碎裂漂移的结果。"他的"大陆漂移说"是如此新奇，致使当时很多地质学家都认为它是荒唐可笑的。后来由于物理探测技术的发展，才使"大陆漂移说"在现代地质学中确立了应有的地位。

科学家贝尔曾想：既然文字可以用导线传送，为什么声音就不能传送呢？他兴致勃勃地把自己的想法告诉了几位电学界人士，谁知却遭到了冷遇。有的人一笑置之："小伙子存此幻想，实在是因缺乏电学知识。你只要多读两本《电学入门》，就不会有导线传递音波的狂想。"有的人还挖苦嘲讽他："电线怎能传递声音？天大的笑话……正常人的胆囊是附在肝脏上的，而你的身体长在胆囊里，少见，实在少见！"但贝尔并没有因此而气馁，他经过3年多艰苦卓绝的努力，终于使神话中的"顺风耳"首次变成了现实。

在我们意识到自己的发现、研究是正确的时候，我们要勇于做一个"掌握真理的少数人"。相信我们置讥讽、挖苦、嘲笑于不顾，经过不屈不挠的努力，坚持做那少数中的一员，我们最终会点燃创新的火炬！

# 第三篇

# 创新要培养四项能力

## 第八章 思考力：思考力是创新力的核心

# 独立思考打开创新力的大门

有一个小学三年级的学生一次随他爸爸去宾馆，迎面看见墙上并排排着7座大钟，分别显示世界各地当时的准确时间。可为什么要挂那么多钟？不能仅用一只钟来表示各地的时间吗？他坚持认为挂钟多既占地方又费钱。他年纪虽小，但善于独立思考，经过多次试验，发明出"新式世界钟"，这种钟可代替那7种钟的功能，被评为全国青少年发明创新一等奖。独立思考打开了这名三年级学生的创新力之门。

独立的思考能力是现代创新活动的基本要求。具体地说，独立的思考能力是针对具体问题进行的深入分析而提出自己的独创见解的能力，它也是一种运用已经掌握的理论知识和已经积累的经验教训，独立地、创造性地分析和解决实际问题的综合能力。

我们在创新活动中，要善于根据实际情况进行独立的分析和思考，对问题的认识和解决有独创见解，不受他人暗示的影响，不依赖于他人的结论，努力防止思想的依赖性。这样，我们就是独立的思考者，也才能提升我们的创新力。

不可否认，创新很多时候是一个很孤独、很痛苦的思考过程，因为没有前人的经验可以参考和借鉴。

但要想创新，思考又是必不可少的，且往往是解决问题的关键。因此，学会独立思考就显得十分重要。当你通过独立思考而采摘到创新胜利之果时，请相信，那份愉悦是什么事情也比不上的。

爱因斯坦 12 岁时，一次，他的叔叔在纸上画了一个直角三角形，写了一个公式，然后对他说："这可是著名的毕达哥拉斯定理，2000 多年前就有人会证明了，要不你也试试？"

当时爱因斯坦还不懂得什么叫几何，但他很快就被迷住了，开始利用有限的知识运算、证明。

一连 3 个星期，爱因斯坦都在对这一问题冥思苦想，但始终没有任何进展。叔叔看不下去了，想教他，但倔强的爱因斯坦表示，自己一定可以通过思考证明出来。最终他以三角形的相似性成功证明了这一定理。

爱因斯坦第一次体会到了独立思考带来的快乐，这种快乐让他更加痴迷于思考，也让他受益终身。

16 岁那年，他开始思考一个很有挑战性的问题：如果用某种光的接收器，跟在光后面以光速奔跑，那会发生什么呢？这个问题在当时尽管没有找到答案，但它成为相对论的萌芽。

独立思考是如此美妙，以至于到 67 岁时，爱因斯坦还在为 12 岁时对几何问题的启蒙津津乐道。他说："如果没有那时学会独立解题并体验因此引起的极大快乐，我后来就难以培养好的思维习惯。"

和爱因斯坦一样，很多伟大的科学家、发明家也是从小就养成了独立思考的习惯。

著名物理学家、诺贝尔奖获得者居里夫人为了让孩子们学到更好的科学知识，与科学界的几位朋友共同制订了一个合作教育计划——把各家的孩子集中到一起，由家长们分别授课。居里夫人的长女伊伦自然也在其中。

一次，物理学家朗之万给孩子们讲了一个实验，并故意说了一个错误的现象。

这引起了小伊伦的疑问，她觉得朗之万叔叔讲的和书上正好相反，于是马上跑去问妈妈，朗之万叔叔是不是搞错了？

居里夫人没有直接回答伊伦，而是鼓励她自己思考："孩子，你为什么不自己动手做个实验呢？这样你就能找到答案了。"

伊伦抑制不住好奇，立即动手将整个实验操作了一遍，结果她惊讶地发现：自己是对的，而朗之万叔叔错了。

于是她找到朗之万叔叔，详细讲述了自己的实验过程，并大胆地宣称："朗之万叔叔，您错啦！"

朗之万欣慰地哈哈大笑说："伊伦你是对的，叔叔确实讲错了。这么多孩子，只有你认真思考了，提出了疑问，并且通过自己动手做实验来证明，这是最难得的。"

伊伦从小养成的独立思考习惯，为她以后在科学的道路上探索和创新奠定了坚实的基础。

独立思考就是一双善于发现创新机会的"慧眼"，处处都能发现问题，处处都是创新的机会！

你想提高你的创新力吗？那就从现在开始进行独立思考吧！

## 问题是创新的导师


有一位母亲吩咐孩子去市集买米。她列了一张清单，连同卷好的一叠米袋子交给孩子。

到了米市，孩子看着清单上写着：大米、小米、高粱米、玉米等，于是他按图索骥，一个口袋装一种米。然而到后来，他发现少了一个袋子，无论如何都没法将全部品种买齐全。

于是一回到家，孩子就埋怨母亲："为什么不先数好袋子？老远的路，难道我还要再跑一趟？"

母亲说："你不是系鞋带了吗，用鞋带将米少的袋子中间扎紧，上面一层不又可盛东西了吗？"

孩子一下子傻了眼……

出现问题，不要第一时间就想着推卸责任，或是追查寻找责任的当事人。不善于动脑的人，就好像直筒的米袋子，一眼就能望到底。

主动多想想，问题就是创新的契机，当你用一种以前没用过的办法去解决问题时，你就是在创新。

有人玩过这种游戏：

十几个学员平均分为两队，要把放在地上的两串钥匙捡起来，从队首传到队尾。规则是必须按照顺序，并使钥匙接触到每个人的手。

比赛开始并计时。两队的第一反应都是按专家做过的示范：捡起一串，传递完毕，再传另一串，结果都用了15秒左右。

专家提示道："再想想，时间还可以再缩短。"

其中一队似乎"悟"到了，把两串钥匙拴在一起同时传，这次只用了5秒。

专家说："时间还可以再减半，你们再好好想想！"

"怎么可能？"学员们面面相觑，左右四顾，不太相信。

这时，场外突然有一个声音提醒道："只是要求按顺序从手上经过，不一定非得传啊！"

另一队恍然大悟，他们完全抛开了之前的传递方式，每个人都伸出一只手扣成圆筒状，摞在一起，形成一个通道，让钥匙像自由落体一样从上落下来，既按照顺序，同时也接触了每个人的手，所花时间仅仅是0.5秒！

培根有一句名言：如果你从肯定开始，必将以问题告终；如果你从问题开始，则将以肯定结束。传递钥匙的游戏旨在告诉我们，如果把已存在的看成是合理的、可行的，那么在思考某种问题时，很容易沿着原有的旧思路延伸，受到传统模式的严重羁绊而无法突破创新。

但当你不断怀疑、不断提问题时，就会发现，之前你停留的那个地方远不是终点，带着问题跑下去，你会发现另一个全新的天地。

"再想想，时间还可以再缩短！"这个问题就像一名导师，指引我们不断创新。

著名的数学家希尔伯特也是一个善于提出问题的人。在1900年第二届国际数学家大会上，他做了题为《数学的问题》的报告，提出了当时数学领域中的23个重大问题。这些问题后来被称为"希尔伯特问题"，它们的提出有力地促进了数学的发展。为此，希尔伯特总结道："只要一门科学分支能提出大量的问题，它就充满着生命力，而问题缺乏，则预示着独立发展的衰亡或中止。"

犹太人非常重视知识，但更加重视问题意识的培养。他们把仅有知识而没有才能的人比喻为"背着许多书本的驴子"。他们认为，学习应该以思考为基础。而思考则是由一连串的问题组成的，学习便是经常怀疑、随时发问。问题是智慧的大门，知道得越多，问题也就越多。所以提问使人进步，问题和答案一样重要。犹太人出名的口才与高超的智力与他们注意培养问题意识不无关系。

问题会激发我们的兴趣、情感与灵感。它激发我们去感知与记忆，去观察与实验，去注意与搜索，去思索与想象，去发明与创造。发明家保尔·麦克思德说："唯一愚蠢的问题是你不问问题。"也正如苏格拉底所言："问题是接生婆，它能帮助新思想诞生，问题是创新的起点，是创新的动力，是创新的导师，有了问题才会思考，有了思考才有解决问题的方法，有了行动方法我们才能进行创新。"

## 第九章　观察力：练就一双慧眼

### "眼睛"是创新的窗户

眼睛被称为"心灵的窗户"，是头等重要的信息输入器官。我们也可以说，眼睛是创新的窗户，这里的"眼睛"指的是通过眼睛的观察。

一个人的一生当中，要从外界获得亿万的信息，其中75%以上是通过眼睛获得、通过观察获取的。

人，因为拥有一双眼睛而拥有整个世界。创新者，因为拥有非凡的观察力而拥有创造成果。所以，我们要善于利用双眼去观察、去发现、去创新。

估计很多人注意过这种现象：洗完澡以后放水时，浴缸里的水会产生一个个旋涡。肯定不止一人会注意到这样一个问题，因为从来水都是这样旋转着从一个孔洞中漏下去的，不仅放洗澡水如此，下雨天积的雨水也是这样旋转着流入下水道的。

这种现象太普遍了，以至于人们无数次面对这种现象却一直熟视无睹，但在教授谢皮罗的眼里，这是一种奇特的现象。

美国麻省理工学院机械工程系的谢皮罗教授有着与众不同的眼睛，确切地说，有着不同于常人的观察力。他注意到浴缸排水时的特殊现象，马上被吸引住了。后来，他又跑去观察水池放水，也发现有着相似的旋涡。

这是为什么呢？他想，共同的现象一定有着相似的原因。

他联想到赤道上的水，那里会不会有旋涡呢？那里的水将怎样流出？流出的时候会不会打着旋涡？会不会打着同样的旋涡？

他又想到，南半球的水将会怎样流出呢？它们又会沿着什么方向打旋涡，和赤道的情况一样吗？

就为了这么一个貌似平常的问题，他不远万里来到赤道。经过认真观察，他发现赤道上的流水没有旋涡。

他又来到南半球观察，发现南半球流水有旋涡，而且旋涡的方向正好与北半球相反。北半球是顺时针方向，而南半球是逆时针方向。

他从观察中得出结论：流水旋涡，可能与地球的自转有关。同时，他也想到，台风、风暴都是流体的运动，空气也是流体的。南半球和北半球的风暴也一定是按与水流同样的规律转的，北半球和南半球风暴产生的旋涡的方向也将是彼此相反的。

1962 年，谢皮罗发表论文，论述了旋涡现象，并推断其与地球自转的关系，引起了科学界的极大反响。

谢皮罗无疑是一个善于观察的人，这些不显眼的现象没有逃过他敏锐的眼睛。浴池里的水怎么旋转，一般人是不大关心的，也不会深入思考，但谢皮罗与众不同，他留意到了旋涡的方向。

最善于观察的眼睛，应该是谢皮罗这样的。

我们再来看进化论的创始人——达尔文是怎样通过观察，在生物学界取得创新成果的。1831 年 12 月 27 日，青年达尔文踏上"贝格尔奖"的甲板去做环球考察的时候，当时的生物学家们还顽固地认为，万物是上帝创造的，物种是不变的，从它被创造的那一刻起，就是现在这个样子。在考察途中，神创论在达尔文的心中开始动摇了，因为他那双眼睛发现了新的东西。

有一次，他从海洋中捕捞到许多浮游生物，它们非常微小，但数量非常多。达尔文在显微镜下观察一阵以后，向自己提出了一个问题：

这些低等的生物在大海中只是沧海一粟，如果万物是上帝创造的，上帝创造它们究竟是出于哪种微不足道的目的？

达尔文来到南美大陆，他挖掘了许多古代动物的化石。有些动物已经灭绝，从地球上消失了，只以化石的形态存在于地下；有些化石所代表的生物还存在着，但是，从这些化石的特征看，它们与自己的后代也有些不同。

达尔文来到了加拉帕戈斯群岛。这里盛产海龟，每个小岛上的海龟都不完全一样。龟甲的颜色、厚度、拱形的大小都各不相同，脖子和腿也有长有短，但是，它们显然属于同一个种。达尔文想，海龟为什么不一样？上帝为什么不在各个岛上创造相同的海龟？

他又考察了加拉帕戈斯群岛上的雀类。群岛共有13种雀，彼此都有亲缘关系，但是，不同的岛上的雀都有各自的特征。有的嘴粗大些，有的细小些，有的吃昆虫，有的吃种子。如果这些岛的雀也是上帝创造的，上帝为什么要这样创造呢？

达尔文的眼睛能够见人所未见，并力排众议和纷扰，通过反复观察，最终发现了进化论的秘密，为自己在生物界打开了一扇创新的窗户。

爱因斯坦、巴斯德、阿基米德、开普勒与众多科学家、发明家，他们无一不具有超凡的观察力，没有他们善于观察的双眼，也就没有他们的创新成就。

科学家迈克尔·法拉第说，"没有观察就没有科学"。在科学发现中，观察扮演了极其重要的角色。人们通过眼睛去观察，但"看见"并不等于"发现"，许多机会都是在我们"看见"却没有"发现"的情况下从我们的眼皮底下溜走的。只有拥有一双雪亮并善于观察的眼睛，才能在宏观的世界和微观的世界中明察秋毫，成就创新。

# 观察力，可以培养的力量源

观察，人人都会，但要形成观察力，那就需要正确的、灵活的观察方法。否则，那只是"走马观花"般的观察，根本不会培养成强大的力量源。

要想培养观察力，我们就应该学会从不同的角度去观察所看到的对象。任何片面或主观的观察方式都不利于掌握事物的本质特征，得到客观而正确的结论。我们通常所用的观察方法有两种：一种是从全局的角度去观察事物，另一种则是从局部特征去观察事物。这两种观察事物的方法是培养观察力必不可少的途径。

全面观察，要能从繁杂的知识中迅速观察到其中最本质的东西，从而把握住事物演变的脉络。

局部观察是把被观察对象的各种特性、各个方面或各个组成部分，一一分解开来，认真进行观察。这样的观察，可以使人们对事物了解得更加精确。例如，观察圆柱体：这个形体是什么形状？有几个底面？底面是什么形状？有几个侧面？侧面展开是什么形状？两个底面之间距离相等吗？通过这样的解剖观察后，就能掌握圆柱的主要特征：圆柱的底面是相等的圆，它的侧面展开是一个长方形。

而对某些事物，需要把全面观察和局部观察结合起来。从整体到局部、从宏观到微观，把两种观察方法结合利用，细致、准确，更容易掌握事物的本质。灵活运用各种观察法，是培养观察力的根本要求。

鲁迅先生写《阿Q正传》时，写到阿Q赌钱的时候写不下去了，因为先生不会赌钱。于是，他请了一位叫王鹤照的人来表演。这个人十分熟悉绍兴的平民生活，他将自己了解的压宝、推牌九和赌牌时的情景，津津有味地讲给鲁迅先生听，高兴之处还哼起了赌钱时人们惯唱的小曲儿，绘声绘色，十分热闹。鲁迅先生像学生听老师讲课一样，仔细地观察着，认真地做着记录，到后来再动手写作时，就把这些调查来的素材融进了作品。于是，阿Q赌钱时的生动场面才呈现在读者面前。

鲁迅创作并没有道听途说，而是实事求是地进行了认真细致的观察，这种正确、可行的观察便是他观察力的体现。最后，鲁迅的观察力便形成了不朽的文章《阿Q正传》的强大力量源。

当然，观察不光是用眼睛看，还要和思考结合起来。只有观察和思考结合起来，才能形成观察力，才能有所发现和创造。

我们来看下面一个事例：

世界上第一个发明导尿术的人，是我国唐代著名医学家孙思邈。孙思邈少时因病学医，他总结了唐以前的临床经验和医学理论，收集药方、针灸等医疗方法，著有《千金药方》《千金翼方》。他不仅在医学上有较大贡献，而且博涉经史百家学术，是个苦心钻研、细心观察、勇于实践的大学问家。

一天，一个患了尿潴留的病人由于排不出尿来，肚子胀得疼痛难忍，生命危在旦夕，家人恳求孙思邈赶快救救他。孙思邈诊察了病情，知道吃药已来不及了。他沉思着，心想，尿流不出来，怕是管排尿的口子不通。如果想办法用根管子插进病人的尿道，也许能使病人把尿排出来。可是，到哪儿去找这种又细又软的管子呢？正在孙思邈为难之际，恰好看到邻居一小孩拿着一根烤热了的葱管吹着玩。善于观察思考的孙思邈灵机一动，当时就想："不妨用葱管来试一试。"他马上找来一根细葱管，切去尖的一头，小心翼翼地插进病人的尿道里，再用力一吮，尿果然顺着葱管流了出来，病人得救了。现在医院里为病人导尿的胶皮管，就是由葱管演化而来的。

孙思邈如果看到葱管不想一想，那么，他就不可能发明导尿术。由此可见，观察要和思考结合起来，这样才能找到发明创造的奥秘。

生活中无论工作还是学习，我们都需要掌握正确的观察法，掌握从不同角度进行观察，并在观察过程中进行思考，这样才能将观察培养成我们的观察力。拥有了这种观察力，我们就拥有了改造事物的力量源。

# 第十章　想象力：让思维尽情飞翔

## 想象力是创新的源泉

老师问幼儿园的小朋友："花儿为什么会开放啊？"

一位小朋友说："花儿睡醒了，想出来看太阳。"

另一位小朋友说："花儿想跟小朋友比一下，看谁的衣服漂亮。"

还有一位小朋友说："太阳出来了，花儿想伸个懒腰，结果把花朵顶开了。"

也有小朋友说："花儿想听听小朋友唱什么歌。"

在小朋友的思维之中，蕴含着无穷的创意，无边的想象。想象是人类独有的一种高级心理功能，是在现实形象的基础上，通过大脑的回忆、加工和新的综合，创造生成新的形象的心理过程。通过想象，我们能把世界上许多事物联系起来，使我们的认识不再受时间和空间的限制，从而创造出一个更为广阔的世界。

爱因斯坦告诉我们：想象力比知识更加重要，因为我们了解的知识终归是有限的，而想象力能包含整个世界，以及我们的未来和我们将来能了解的一切。

著名的理论物理学家，1969 年诺贝尔物理学奖得主盖尔曼曾经说过："作为一个出色的理论物理学家，想象力很重要。一定要想象、假设，也许事实并不是这样，但是这样可以使你接着往前研究。"

牛顿也说："没有大胆的猜测，就得不出伟大的发现。"

黑格尔说："想象是最杰出的艺术本领。"

科学发现、技术发明等创造性活动，都离不开想象力，所以，只有开启想象的闸门，才能有力地伸展它的双翼，才会让我们的思想飞到成功之巅。

有人曾用一个形象的比喻来说明想象力在创新活动中的作用。创新活动犹如矫健的雄鹰，客观实际是这只雄鹰的躯体，想象力则是它的翅膀，雄鹰是因为有了翅膀，才能漫游于天际，振翅于高空。想象力对于创新活动影响巨大，它是创造的源泉。

法国著名作家儒勒·凡尔纳所表现出的惊人想象力，是被许多人所熟知的。他在无线电还未发明之前，就已经想到了电视，在莱特兄弟制造出飞机之前的半个世纪已经想到了直升机和飞机，什么坦克、导弹、潜水艇、霓虹灯等，他都预先想象到了。他在《月亮旅行记》中甚至讲到了几个炮兵坐在炮弹上让大炮把他们发射到月亮上。据说齐尔斯基——宇宙航行开拓者之一，正是受了凡尔纳著作的启发，推动着他去从事星际航行理论研究的。

俄国科学家齐奥科夫斯基青年时代就被人们称为"大胆的幻想家"，他把未来的宇宙航行分成 15 步。值得惊叹的是，在齐奥科夫斯基做出这一大胆幻想的时候，莱特兄弟的飞机还尚未问世。当时除了冲天鞭炮以外，世界上没有什么火箭，更加令人吃惊的是，许多想象通过近几十年的航空、航天技术的发展已经成为活生生的现实。也就是说，由于火箭、喷气式飞机、人造卫星、阿波罗登月计划、航天空间站以及航天飞机的相继成功，齐奥科夫斯基的前 9 步都已基本实现。

早在齐奥科夫斯基的论文《利用喷气机探索宇宙》发表前 30 年，凡尔纳就发表了《从地球到月球》《环绕月球》等科学幻想小说，提出了飞向月球的大胆设想。他想象在地球上挖一个 300 米深的发射井，在井中铸造一个大炮筒，把精心设计的"炮弹车厢"发射到月球上去。他甚至选择了离开地球的最近时刻，计算了克服地心引力所需要的速度，以及怎样解决密封的"炮弹车厢"的氧气供给问题，这些对宇航研究很有启发。科学的发展以想象为先导，人们通过想象，在头脑中拟定研究过程的伟业和蓝图，借助于想象在头脑中构成可能达到的预期结果。正是齐奥科夫斯基通过丰富的设想，为人类登上月球在思维创造上开辟了道路。

韩信是汉朝著名的军事将领。有一天，汉高祖刘邦想试一试韩信的智谋。他拿出一块5寸见方的布帛，对韩信说："给你一天的时间，你在这上面尽量画上士兵。你能画多少，我就给你多少兵。"

站在一旁的萧何心想：这一小块布帛，能画几个兵？暗暗为韩信捏了一把汗，不想韩信却毫不迟疑地接过布帛走了。

第二天，韩信按时交上布帛。刘邦一看，上面一个兵也没有，却不得不承认韩信的确是一个胸有兵马千万的人才，于是把兵权交给了他。

那么，韩信在布帛上究竟画了些什么呢？

原来，韩信在上面画了一座城楼，城门口战马露出头来，一面"帅"字旗斜出。虽没见一兵一卒，却可想象到千军万马之势。韩信的过人想象力，由此可见一斑。

在一场绘画的测试中，题目是要求考生们在一张画纸上用最简练的笔墨画出最多的骆驼。当答卷交上来时，评审发现，很多考生都在纸上画了大量的圆点，用圆点表示骆驼，但这些画都被认为缺乏想象力，因为其作画的思路都是：尽可能画更多的骆驼。而无论在纸上画多少圆点，其数量都是有限的。

唯独有一位考生的画纸上最为与众不同：一条弯弯的曲线表示山峰和山谷，画上有一只骆驼从山谷中走出来，另一只骆驼只露出一个头和半截脖子。谁也不知会从山谷里走出多少只骆驼，或许是一个庞大的骆驼群，因而，这位考生当之无愧拔得了头筹。

总之，想象是创新的先导，是智慧的翅膀。想象力是人类特有的天赋，是一切创新活动最伟大的源泉，也是人类进步的主要动力。假如你的创新之河干旱枯竭，那么，请展开你的想象力吧，它将会冒出汩汩甘泉。

# 不会想象的人难于创新

想象力是心灵的一种能力，它具有自由、开放、浪漫、跳跃、形象、夸张等心理活动的特点。想象力使思维逍遥神驰，一泻千里，超越时空。创新需要想象，想象是创新的前提，想象力概括着世界上的一切，没有想象就不可能有创新。

"发挥你的想象，画出你的设计，从最简单的设计到最不可思议的想法，你尽可以尽情地展开想象的翅膀。"这就是 1994 年下半年日本索尼公司举办的国际"未来家庭娱乐产品概念设计大赛"的理念。参赛的国家和地区有澳大利亚、新西兰、新加坡、菲律宾、印度尼西亚、印度、中国内地及中国香港等，参加者主要是大、中、小学生。北京 8 所高校和 12 所中小学校的 1366 名学生参加了这项大赛，其中不乏名牌高校和重点小学，如清华大学、北京大学、北京航天大学、中央工艺美术学院、人大附中、北京实验小学、中关村一小等。

但结果是两个组的冠军、亚军和季军都被其他国家和地区的参赛者拿走，北京赛区的设计作品仅仅只有一项勉强入围，名列少年组 8 个获奖者的最末（纪念奖）位次。这项名为"宇宙旅行健身室"的设计在国内评奖时，被评为第 2 名。

相比之下，中国学生的设计的确让人汗颜，一是视野狭小，二是设计思维简单、片面，缺乏奇异构想。而国外学生的设计表现出非凡的奇思异想，让人大开眼界。如获得冠军的印尼学生的作品，对家庭娱乐产品概念的想象和构思大大超出了地球的范围，专家们称之为"宇宙思维"。

中国学生的想象力哪儿去了？

中国学生的创新意识和创新力哪里去了？

谁来回答这些问题？是老师、是家长还是学生自己？提出这个问题的目的当然不是找谁来承担责任，值得关注的是问题本身。

我们发现，不但是学生，就连在社会上工作的青年人、中年人甚至老年人，年龄越大，所学知识越多，社会阅历越丰富，我们的想象力就越衰退，相对地，创新力也越衰弱。

在 1968 年，大洋彼岸的美国内华达州曾经发生了一场诉讼案，这场诉讼关注的是学生想象力的问题。

一天，美国内华达州一个叫伊迪丝的 3 岁小女孩告诉妈妈，她认识礼品盒上"OPEN"的第一个字母"O"。这位妈妈非常吃惊，问她怎么认识的。伊迪丝说："是薇拉小姐教的。"

这位母亲表扬了女儿之后，一纸诉状把薇拉小姐所在的劳拉三世幼儿园告上了法庭，理由是该幼儿园剥夺了伊迪丝的想象力，因为她的女儿在认识"O"之前，能把"O"说成苹果、太阳、足球、鸟蛋之类的圆形东西，然而自从劳拉三世幼儿园教她识读了 26 个字母后，伊迪丝便失去了这种能力，她要求该幼儿园对这种后果负责，赔偿伊迪丝精神伤残费 1000 万美元。

诉状递上之后，在内华达州立刻引起轩然大波。劳拉三世幼儿园认为这位母亲疯了，一些家长也认为她有点小题大做，她的律师也不赞同她的做法，认为打这场官司是浪费精力。然而，这位母亲却坚持要把这场官司打下去，哪怕倾家荡产。

3 个月后，此案在内华达州立法院开庭。最后的结果出人意料，劳拉三世幼儿园败诉，因为陪审团的 23 名成员被这位母亲在辩护时讲的一个故事感动了。

她说:"我曾到东方某个国家旅行,在一家公园里见过两只天鹅,一只被剪去了左边的翅膀,一只完好无损。剪去翅膀的天鹅被放养在较大的一片水塘里,完好的一只被放养在一片较小的水塘里。当时我非常不解,就请教那里的管理人员。他们说,这样能防止它们逃跑。我问为什么,他们解释,剪去一边翅膀的无法保持身体平衡,飞起后就会掉下来;在小水塘里的,虽然没被剪去翅膀,但起飞时会因没有必要的滑翔路程,而老实地待在水里。当时我非常震惊,震惊于东方人的聪明。可是我又感到非常悲哀,为两只天鹅感到悲哀。今天,我为我女儿的事来打这场官司,是因为我感到伊迪丝变成了劳拉三世幼儿园的一只天鹅。他们剪掉了伊迪丝的一只翅膀,一只幻想的翅膀,人们早早地就把她投进了那片小水塘,那片只有 A、B、C 的小水塘。"

这段辩护词后来成了内华达州修改《公民教育保护法》的依据。现在美国《公民权法》规定,幼儿在学校拥有两项权利:(1)玩的权利;(2)问为什么的权利。

伊迪丝的妈妈为了发挥女儿想象的权利,敢于站出来去打一场官司,在我们看来是一件不可思议的事情。法院竟然判原告胜诉,对我们来说简直更不可理喻了。从中我们也看到一种差距,一种让人震惊的差距:中国教育对想象力漠然视之,对扼杀想象力的行为更是熟视无睹。

这位年轻的母亲为了保护女儿的想象力可以不顾一切。她的行为不但告诉我们,想象力对于人类是多么的重要,而且还警醒我们,要想创新,要想发展,任何时候都不能丧失想象力,我们要自觉自发地保护我们的想象力,开发我们的想象力。

不会想象的人难于创新,一个人如果缺乏想象力,墨守成规,用标准的尺寸去衡量世界,那么,很可怕,他将会永远看到一个一成不变的世界,他就只能在原地踏步,不会有所创新,更不可能进步。这对于学生、家长、上班族、学校和社会都有很大的借鉴作用。

# 第十一章　多元思维能力：打通思维通道

## 多元思维让人触类旁通

多元思维的力量是巨大的，一个人如果不善于多元思维，学一点知识就是一点知识，永远是量的叠加，不会有质的变化。

如果他善于多元思维，常常能举一反三，闻一知十，触类旁通，终能产生认识上的飞跃。

哈维在创立血液循环学说以前，读到了哥白尼的"日心说"，受益匪浅，他从"行星可以绕着太阳循环运动"，思考血液是否也可以绕着心脏做循环运动。

带着这个问题，他经过多年的反复实验，终于发现：由于心脏的跳动、动脉搏动和静脉瓣结构，保证了血液在体内循环运动……就这样，哈维创立了血液循环学说。

日本的田熊常吉，原来是一位木材商，但他革新了世界上著名的锅炉，创造了田熊式锅炉。

一次，他翻阅小学自然课本，有关血液循环的知识引起了他的重视，他将锅炉的模型与血液循环的模型进行比较，甚至将两者重叠起来进行一一对比，从中模拟、借鉴，产生了创造性思维，确立了创造目标，实现了革新锅炉的目的。

从日心说到血液循环学说，从血液循环到锅炉革新，这种由触类旁通而引发的创新靠的是多元思维能力。"行星绕着太阳循环运动"这和人体好像没什么关系，但哈维凭着敏捷的思维把它应用到人体血液循环中。血液循环和锅炉似乎风马牛不相及，但木材商田熊常吉用它来进行锅炉革新。其实，这应该得益于他们的灵感思维、联想思维、系统思维等多元思维能力。很多新学说、新事物的产生无不和这种同类触发、系统整合的思维方法有关。

20世纪40年代，纽扣市场的竞争越来越激烈，拉链的应用也越来越广泛。随着社会生活水平的不断提高和纺织品的不断丰富，人们对纽扣、拉链之类用品的需求量也越来越大，其渴望新产品的心情也越来越强烈。

因此，许多专业人员都在探讨和研究新的产品。

1948年秋季的一天，瑞士的马斯楚和朋友们去登山。山上风光很好，但是，脚下的鬼针草很烦人——两条裤管粘得到处都是，甚至坐下去歇口气，臀部也会被刺得隐隐作痛。花了好长时间才将那些讨厌的东西拔下来，可没走几步，又浑身都是了，真是烦透了。

结果，一天的兴致都让这鬼针草给弄没了。回到家里还得一根根地拔。为了搞个明白，马斯楚拿来放大镜，仔细地观察起来。他发现，这种草很特殊，长了很多细细的带钩的针毛。它们之所以到处粘人就是这些细毛在作怪。

马斯楚猛然想到，制造像这种形状的针毛，不是正可以取代纽扣、拉链的作用吗？经过多次研究和试验，他终于成功地制造了免扣带。这种免扣带投入市场后，受到了消费者的欢迎。马斯楚很快在激烈的竞争中取得了主动，最终获得了成功。

机遇来到眼前，还得有眼力去发现它，有能力去掌握它，只有这样才能快人一步，抢得先机。这靠的就是多元思维。

在上面的例子中，马斯楚有机遇，更有眼力。鬼针草已经存在了几千万年，但多少年来，有多少人视而不见、无所作为，可他却抓住了其中的奥妙，由鬼针草触发创意，先人一步，发明了兔扣带。

鬼针草就是鬼针草，那是大自然的东西，与人类并没有太大的联系，与个人成功更是距离很远。因此，人们纵然对它的奇异构造感兴趣，一般也不会对它动什么脑筋。所以，千百年来，它一直静悄悄地被冷落在那里。马斯楚就不同了，他充分运用了联想思维、发展思维、灵感思维、整体思维等多元思维方式，不但联想到纽扣、拉链，而且还将两者结合思考，终于有所发现，有所发明。这就是他的精明之处，也是他成功的关键——带着多元思维，才会有新奇的想法，而奇怪的想法往往会让你触类旁通，由此及彼，因而创造发明，使之水到渠成。

多元思维广泛发散，广泛联系。它善于将各种思维素材与自己关心的课题联系起来，由外到内，使信息交汇，迅速融合，以寻找到切合点，借以滋生新的信息，产生新的创意。总之，多元思维越丰富、越敏捷，创新的概率和效率就越高。

## 活用思维，成就创新

古人曰："行成于思。"没有思维的变革就不会产生行为上的变化，也可以说，人类历史上的所有新东西都是从思维创新开始的。

确实，人类利用思维的力量，看到天然的森林大火而想到保存火种，进而钻木取火；利用思维的力量，人类只需挖一个陷阱，在陷阱口上盖些茅草，便能让最凶猛的野兽束手就擒；利用思维的力量，人类首先在头脑中设计出千万种自然界并不存在的奇妙玩意儿，并把这些玩意儿变成实实在在的东西……

人的思维是多元的，它给了我们一个自由大胆的想象空间，它的特点是不囿于一条思路，而是沿着多种思路进行。善于思维，活用思维，我们总可以在最短的时间到达创新成功的彼岸。

霍英东是中国香港杰出的运输大王和房地产巨头。有一次，他收购了一家濒临倒闭的大酒店。在重新装修时，他发现这栋仿古的中式建筑楼群有许多大圆柱。这些大圆柱其实只是作为古典的装饰而已，里面是空心的，在建筑设计上并没有起受力作用。他想如果将这些空心的柱子挖几个"窗口"，再用玻璃罩上，就可以做陈列商品的橱窗。该酒店地处中国香港闹市区，是寸土寸金之地，也是众多商家看中的风水宝地。果然，霍英东把这些橱窗出租给中国香港几家大珠宝商和化妆品厂家，每年从中收入5万美元租金。

思维具有无穷的魅力。习惯于单一思维的普通人总会一条路走到黑，永远发现不了路边蛰伏的创新机会，最终将一事无成。而那些成功者往往是机灵敏捷之人，他们拥有广阔的思维空间，而且善于活用思维，所以，成功的道路上他们总会左右逢源。大圆柱就是大圆柱，还能有什么呢？但善于思索的霍英东，想到了陈列商品的橱窗，看到了创意的机会。

善于思维、活用思维的人，总不会被问题难倒。

曾经，一位和尚画家云游到北京，被召进宫里作画。有一天，慈禧让太监给他一张5尺长的宣纸，要他画出9尺高的观音菩萨的站立像。这简直是作难于人。臣子们心里紧张极了，谁都认为这是一件根本办不到的事。和尚并不着急，他借研墨的工夫冷静思考，很快就有了主意。只见他挥毫泼墨，一挥而就。原来，他笔下的观音菩萨并不是笔直站立的姿势，而是弯腰在拾地上的柳枝。5尺长的纸，弯着腰的人，站立起来应该就是9尺了吧。慈禧看罢，点头称是。众大臣也松了一口气。

和尚画家的出色表现生动地体现出他思维敏捷的特点：

人体要有9尺高，纸张只有5尺长，这画怎能画得出来？困难是明摆着的。在传统思维那里，本题无解。和尚明白，条件就这么一点点，要求却那么高，非智慧无以取胜，其他路子不必多想，那只会浪费时间，矛盾只能交给多元思维解决。

和尚画家明白，直着画肯定不行，得变通，让5尺的纸张显出9尺的用途。思维要开始工作了：站立的姿势不能变，那就先画出站立的双腿；9尺身高不能变，画到纸的顶部也只能画到腰间；上半身怎么办？放到哪里去？总不能截为两段吧？有了，腰直不起来，截不下来，那就让她弯下来。至此，观音弯腰拾柳枝的创意产生了。这就是巧思、活思的力量，活用思维的人，总会有创意。

既然我们被自然赋予思维——这样神奇的力量，我们就要活用它，让它更好地为我们服务。创造性地运用思维，就能成功地创新。

# 第四篇

# 盘活创新潜能的方法

## 第十二章　积极的暗示

## 良性暗示能够创造奇迹

曾经有两个人在沙漠的黑夜中行走，水壶中的水早就喝完了，两人又累又饿，体力渐渐不支了，在休息的时候，其中一个人问另一个人："现在你能看到什么？"

被问的那个人回答道："我现在似乎看到了死亡，似乎看到死神在一步一步地靠近。"

不过发问的这个人却微微一笑说："我现在看到的是满天的星星和我的妻子、儿女等待我回家的脸庞。"

最后，那个说看到死亡的人真的死了，就在快要走出沙漠的时候，他用刀子匆匆结束了自己的生命，而另一个说看见星星和自己的妻子、儿女脸庞的人靠着星星的方位指示成功地走出了沙漠，并成为人们心目中的英雄。

其实，这两个人并没有根本的区别，仅仅是当时的心理暗示有所不同，但在最后演绎了截然不同的命运。因此，一个人的心理暗示往往会关系到一个人的命运，积极的良性暗示可以带你走向一个充满奇迹和惊喜的人生，而消极的负面暗示则会引诱你跳进黑暗、令人绝望的深渊。

心理暗示是我们日常生活中最常见的心理现象，它是人或环境以非常自然的方式向个体发出信息，个体无意中接收这种信息，从而做出相应的反应的一种心理现象。暗示是一种被主观意愿肯定了的假设，不一定有根据，但由于主观上已经肯定了它的存在，心理上便竭力趋于结果的内容。

暗示有着不可抗拒和不可思议的巨大力量。心理学家普拉诺夫认为，暗示是人类最简单、最典型的条件反射。暗示的结果使人的心境、兴趣、情绪、爱好、心愿等方面发生变化，从而又使人的某些生理功能、健康状况、工作能力发生变化。暗示是影响潜意识的一种最有效的方式。它超出人们自身的控制能力，指导着人们的心理、行为。暗示往往会使别人不自觉地按照一定的方式行动，或者不假思索地接受一定的意见和信念。

暗示又分为消极的暗示即"负面暗示"和积极的暗示即"良性暗示"。负面暗示往往会导致很多人陷入不安、自卑的苦恼当中，他们认为事实总是和自己所认为的那样无能为力；良性暗示则会助人克服恶劣的情绪，使人增强自信心，帮助他们从失败走向成功，甚至创造奇迹。暗示对创新潜能有着深刻的影响：负面暗示对开发创新潜能起着消极作用，它会吹灭创新之光，把创新潜能压到越来越封闭的境地；而良性暗示则有积极的作用，它像一个钻土机，把潜伏在人们内心深处的创新潜能尽可能地挖掘出来。

美国有两位心理学家曾经做过这样一个实验：

为了证实他们的研究成果，他们选择了一所小学的一个班级，帮全班的小学生做了一次测验，并于隔日批改试卷后，公布了该班5名天才儿童的姓名。

20年后，追踪研究的学者专家发现，这5名天才儿童长大后，在社会上都有极为卓越的成就。这项发现马上引起了教育界的重视，他们请求那两位心理学家公布当年测验的试卷，弄清其中的奥秘所在。

那两位已是满头白发的心理学家，在众人面前取出一只布满尘埃、封条完整的箱子，打开箱盖后，告诉在场的专家及记者："当年的试卷就在这里，我们完全没有批改，只不过是随便抽出了5个名字，将名字公布而已。不是我们的测验准确，而是这5个孩子的心意正确，再加上父母、师长、社会大众给予他们的协助，使得他们成为真正的天才。"

这就是心理暗示的作用，良性暗示帮助本来普通的5个孩子创造了奇迹。

如果有人曾经暗示过你，你是一位天才，你会怎么样？

如果你在幼年时，也像那5名幸运的儿童一样，被告知是一位杰出的天才儿童，那么，你今天的成就会有什么不同？

或许你对自己的期望与要求会更高；或许你每天愿意多花一个钟头去看书，而不是看电视；或许你会更卖力地投入自己的工作中，以获得更佳的成果。这一切都是你自愿的，因为你是一位天才。而你的父母、老师又将如何看待你呢？或许他们会更用心、更努力地来教导你；而你周围的朋友、同学、同事们，也将提供给你更多协助，充分地帮助你。这一切也是他们自愿的，因为你是一位天才，而他们也有这份使命感来协助你，帮你完成天才与生俱来的责任。

当你知道自己是天才人物之后，自己、父母、老师、亲友的使命感便油然而生，非得将你推上天才的巅峰不可，不达目的誓不罢休。

或许，在过去的岁月中，你并未被告知是一位天才，所以不知道自己的使命何在。但就在此刻，在看完这个故事之后，相信你已清楚地明了，自己将是一位大师，一位顶尖的大师，你已被确切地通知了。

你是否曾经仔细地思考过，上天赋予你的重大使命是什么？而你是否在这一使命的激励下勇敢地前行？任何时候，每个人都别忘记对自己说一声："我天生就是奇迹。"本着上天所赐予我们的最伟大的馈赠，积极地暗示自己，你便开始了创造奇迹的旅程。

# 发掘你身上的宝藏

暗示包括自我暗示和他人暗示，自我暗示是生活中我们用得最多的一种暗示方法。

成功学家拿破仑·希尔给我们提供了一个自我暗示公式，他提醒渴望成功的人们，要不断地对自己说："在我生命里的每一天，我都有进步。"暗示是在无对抗的情况下，通过议论、行动、表情、服饰或环境气氛，对人的心理和行为产生影响，使其接受有暗示作用的观点、意见或按暗示的方向去行动。

对此，拿破仑·希尔补充道："自我暗示是意识与潜意识之间互相沟通的桥梁。"通过自我暗示，可以使意识中最具力量的意念转化到潜意识里，成为潜意识的一部分。也就是说，我们可以通过有意识的自我暗示，将有益于创新的积极思想和感觉，撒到潜意识的土壤里，并在创新过程中减少因考虑不周和疏忽大意等招致的破坏性后果，全力拼搏，不达目的誓不罢休。所以，你通过想象不断地进行自我暗示，很可能会成为一个杰出的创新者。

积极的自我暗示，是对某种事物有力的、积极的叙述，这是一种使我们正在想象的事物坚定和持久的表达方式，进行肯定的练习，能让我们开始用一些更积极的思想和概念来替代我们过去陈旧的、否定性的思维模式，这是一种强有力的技巧，一种能在短时间内改变我们对生活的态度和期望的技巧。进行积极的自我暗示，能让我们及时发现隐藏在身上的创新潜能，还可以不断帮助我们发掘这份成功宝藏。

阿里小的时候，家人给他买了一辆崭新的自行车，他每天都骑车游玩，乐此不疲。一天，他去警察局找一位叔叔，把自行车存放在警察局门口没有上锁。没想到出来后，他发现他的新车已经被人偷走了，气得他直跺脚。

沮丧之余，他的警察叔叔提出教他拳击，来化解烦恼。不想阿里竟因此迷上了拳击运动，并逐渐成为一个专业拳手。那个警察叔叔还告诉阿里，每次出场比赛时，就把对手想象成当年偷车的那个人。由此，阿里每次比赛都感觉是一次复仇行动，出拳格外的有力。阿里每次出场比赛，还会面对观众大声疾呼："我是不可战胜的，我是最好的，我就是冠军!"

就是在这种积极的自我暗示下，阿里越战越勇，他成为世界上第一个3次获得世界重量级冠军的职业运动员，有"世界拳王"之称。

阿里因为丢失了一辆自行车而成为世界拳王，丢车后他没有做自暴自弃的事情（如大发脾气、偷别人的自行车等），而是化气愤为力量，在拳击中化解内心的郁闷。更重要的是，他经常进行积极的自我暗示，把对手想象成偷车的人，还在比赛前疾呼："我就是冠军!"这种良好的状态，不断激发他潜在的力量，促使他奋勇拼搏。

摩拉里在很小的时候，就梦想站在奥运会的领奖台上，成为世界冠军。

1984年，一个机会出现了，他有机会成为全世界最优秀的游泳者，但在洛杉矶奥运会上，他只拿了亚军，梦想并没有实现。

他没有放弃希望，仍然每天在游泳池里刻苦训练。这一次的目标是1988年韩国汉城奥运会金牌，他的梦想在奥运预选赛时就烟消云散，他竟然被淘汰了。

带着失败的不甘，他离开了游泳池，将梦想埋于心底，跑去康奈尔念律师学校。有3年的时间，他很少游泳，可心中始终有股烈焰，他无法抑制这份渴望。

离1992年夏季赛前不到一年的时间，他决定孤注一掷。在这项属于年轻人的游泳比赛中，他算是高龄选手了，就像拿着枪矛戳风车的现代堂吉诃德，想赢得百米蝶泳的想法简直愚不可及。

这一时期，他又经历了种种磨难，但他没有退缩，不停地告诉自己："我能行。"结果，在不停地自我暗示下，他终于站在世界泳坛的前沿，不仅成为美国代表队成员，还赢得了初赛。他的成绩比世界纪录只慢了一秒多，奇迹的产生离他仅有一步之遥。

决赛之前，他在心中仔细规划着比赛的赛程，在想象中，他将比赛预演了一遍。他相信最后的胜利一定属于自己。

比赛如他所预想，他真的站在领奖台上，看着星条旗冉冉升起，听着美国国歌响起，颈上挂着梦想的奥运会金牌。

摩拉里没有被消极思想所打败，在艰苦的环境中，他不断地进行积极的自我暗示，终于打破常规，获得奇迹般的胜利。

自我暗示是世界上最神奇的力量，积极的自我暗示往往能唤醒人的潜在创新能量，将他提升到人生更高的境界。

自我暗示对于我们的生活如此重要，几乎是无时不在的魔术。因此，每天清晨不妨告诉自己今天会有个好心情；每当有重大抉择和决定的时候，暗示自己的选择和决策是明智的。选择积极的自我暗示，等于选择幸福生活，等于选择与成功人生为伴，让我们用心享用它所带来的魔术般的奇迹吧！

让我们从今天开始，拿出十二分的勇气来，切切实实地面对那些困难，把那些在心里默默下了很多次决心而又未果的事摆到桌面上来，不再给自己任何逃遁的机会和余地，认真地部署计划，对自己说一句："我能行！"然后迈开行动的第一步，相信自己，有了第一步，就会有第二步，坚持下来就能迎来创新成就的曙光。

# 第十三章　营造轻松氛围

## 音乐可以激发创新潜能

音乐是人类共有的精神食粮。古代《晋书·乐志》说："是以闻其宫声，使人温良而宽大；闻其商声，使人方廉而好义；闻其角声，使人倾隐而仁爱；闻其徵声，使人乐养而好使；闻其羽声，使人恭俭而好礼。"说明音乐中的"五音"可以把握人的性格与行为。

德国伟大的音乐家贝多芬认为：音乐是比一切智慧、一切哲学更高的启示……谁能说透音乐的意义，便能超脱常人无以振拔的苦难。说明音乐具有感化人、塑造人、拯救人的作用。

音乐还可以用来治病，这是 21 世纪新兴的治病方式。现代人有太多的心理问题，而音乐治疗正好可以处理这些无形的病症。现已有许多医学报告证明了音乐的效用。音乐可以活化神经系统、加速肠胃蠕动、维持正常血压和心律、调节大脑皮层、增强消化功能等。贝多芬的《热情奏鸣曲》对偏头痛非常有效，柴可夫斯基的《第一钢琴协奏曲》能缓解紧张情绪，勃拉姆斯的《第五匈牙利舞曲》能改善神经衰弱的症状。抑郁症患者可以听贝多芬的《命运》、莫扎特的《第四十奏鸣曲》，容易失眠的人可以多听德布的《钢琴前奏曲》和莫扎特的《摇篮曲》等。

在电影《X情人》中，梅格·莱恩饰演一位外科主治医生，她善于利用音乐来安抚自己的情绪，提高自己的工作效率，比如她喜欢在动手术时听莫扎特，因为她深知莫扎特的曲子可以使人更聪明、更专心；当她在图书馆时，随身听播放着巴哈的作品，可以提升她的分析能力。每当她准备外科手术时，会先示意助手，按下手术室角落音响的按键。随着缓缓流泻而出的莫扎特的《小夜曲》，整间手术室也拂上了一层柔软的气息。手术不再只有血淋淋、生死攸关的刀光，还多了一阵阵从每个人身上所传来的韵律和节奏感，漫长的手术也较容易集中注意力。

从目前社会上人才的培养来看，音乐可以促进人们的智力发展，激发人体的创新潜能。欣赏音乐可以使人们想象力更加丰富，促进思维能力的发展，使五官四肢灵敏协调、反应迅速，再造想象及增强创造性思维。因为人在听音乐时，大脑不会是空白的，必有种种多变的活动形象反映在脑海里。有时随着音乐，可使人身临其境，在内心里有种种喜怒哀乐的感情细流泛上心头。这种艺术的感情语言是非常微妙的，它不可能只用文字及语言来形容，它可以从一星半点的标题启示下，进行丰富的生活联想，并循着标题启示，有着更扩大、更延伸的再造想象因素来"自圆其说"。这种从一点而至多点，从一线而至多线的想象，即是音乐欣赏时的创造性思维。

法国思想家卢梭是一位音乐爱好者，他拥有音乐家的才华，他曾经编写了《符号谱及音乐辞典》，他说："我在科学上的成就，很多是由音乐启发的。"

爱因斯坦是全世界公认的最有创新力的科学家，他不仅小提琴演奏水平很高，还能弹得一手好钢琴。他说过："真正的科学和真正的音乐要求同样的思维过程。"音乐对于爱因斯坦创新力有很大的激发作用。

1879年3月14日，阿尔伯特·爱因斯坦出生于德国乌尔姆小城。爱因斯坦的双亲都是犹太人。

喜欢独立和静处的爱因斯坦对音乐有一种痴迷的感情。说起爱因斯坦与音乐的故事，人们都不会忘记一幅著名的漫画：爱因斯坦的脸被画成一把小提琴，琴弦上既有音符，也有那个著名的物理学公式：$E = mc^2$。

爱因斯坦3岁的时候，一天，母亲波林坐在钢琴旁，轻轻抚弄琴键，优美动听的旋律像潺潺溪水，从她的手指下流出。忽然，她觉得背后有人，回头一看，小爱因斯坦正歪着脑袋，全神贯注地倾听美妙的乐声。年轻的母亲高兴了，她说："瞧你一本正经的，像个大教授！哎，亲爱的，怎么不说话呀？"爱因斯坦没有回答，他只有3岁，还无法说清激起心灵感应的音乐到底是什么，他那对亮晶晶的、棕色的大眼睛中却又分明闪烁着快乐的光辉。琴声又响了，是贝多芬的奏鸣曲。小爱因斯坦迈着摇晃的步子，无声地扑向一个新的世界，那里只有美丽、和谐和崇高。

不爱说话的小爱因斯坦对音乐入迷了，6岁起练习拉小提琴。几年后，爱因斯坦唯一的消遣就是音乐，在母亲的陪同下，他很快就能演奏莫扎特和贝多芬的奏鸣曲了。

爱因斯坦与同时代的物理学家们有过许多理论上的争吵，也有深厚的并肩战斗的友谊，而音乐在他们的交往中常常起到妙不可言的作用。爱因斯坦和荷兰莱顿大学物理学教授埃伦费斯特是终生挚友，但在相对论问题上，又总是争论不休。从1920年起，爱因斯坦接受荷兰的邀请，成了莱顿大学的特邀教授，每年都来几个星期，住在埃伦费斯特家里，讨论、争论自然是免不了的事。埃伦费斯特思维敏捷，又心直口快，批评意见尖刻、毫不留情。这点恰好与爱因斯坦棋逢对手，唇枪舌剑之后，能统一观点自是皆大欢喜，遇到无法统一的争论，两个好朋友会自动休战。埃伦费斯特是位出色的钢琴家，他喜欢替爱因斯坦伴奏。只要有埃伦费斯特伴奏，爱因斯坦的小提琴演奏定是光彩四溢。有时，一支乐曲奏到一半爱因斯坦会突然停下，用弓敲击琴弦，让伴奏停止演奏。或许是一段优美的旋律触动了灵感，争论又开始了。争着、争着，爱因斯坦又会突然停下，径直走到钢琴边，用双手弹出三个清澈的和弦，并强有力地反复弹奏这三个和弦。

熟悉这段典故的人都知道这三个和弦：

像是在敲"上帝"的大铁门："喳！喳！喳！"

像是在向大自然发问："怎——么——办？"

弹着弹着，"上帝"之门打开了，沉默的大自然与这些虔诚的探索者接通了信息管道。两个好朋友笑了，欢快悠扬的乐曲又响起来了。

就这样，每当爱因斯坦在研究问题遇到困难时，他就开始演奏音乐，他常在音乐中重新获得灵感。正是音乐使他的情感从理性的桎梏中释放出来，使他的思路从逻辑的束缚中解放出来，重新获得创新力。

科学家贝弗里奇说："音乐有助于直觉……在感情上音乐带给人的快感，近似于创造性思维活动带给人的快感，而适当的音乐能帮助人产生适合于创造性思维的情绪。"正因为如此，许多成功的科学家都与音乐有不解之缘。普朗克擅长演奏钢琴，波尔兹曼有很高的音乐欣赏能力，耗散结构理论的创始人、诺贝尔奖获得者普里高津，一般进化论的创始人、美国系统哲学家拉兹早年都是钢琴家。是音乐不断激发了他们的创新潜能，给予他们无穷的创新力。

了解了音乐对于激发创新潜能的作用，我们在日常生活中也要注意培养自己的音乐素养，学会用音乐来提升自己的创新力。

## 在舒缓的环境中轻装上阵

机器可以 24 小时不停地运转，但中途若不停机维修，时间一长便容易磨损。人对于工作也是如此，若长时间不间断地投入，即使是面对喜欢的工作，也会像不断拉长的橡皮筋，产生弹性疲乏的状况。日本有许多人过劳死，就是因为工作像神风特工队，24 小时有 20 个小时花在办公室里，不达到目标绝不罢休，结果就会变成两头烧的蜡烛，迅速地耗尽自己的能量。

人不是机器，在长时间紧张的工作之后需要好好休息。因为太紧张的工作情绪很难产生好的创意，所以适时地放松自己是必要的。就像吉他上的弦，若是一直绷得太紧，弹奏时就容易断掉，所以弹完时就要放松一下。人的脑袋和心情也需要放松，在舒缓的环境中让人体慢慢恢复能量，而后才能轻装上阵。

"游戏橘子"是台湾知名的计算机游戏公司之一，这几年发行了许多热门的电脑游戏，颇受好评，其中最有名的，便是风靡台湾网络族的线上游戏"天堂"。

游戏橘子之所以如此成功，是因为整个企业具有非常高的创意与凝聚力，可以想出其他竞争对手想不到的点子。你走进游戏橘子的办公室瞧瞧，就会发现这个公司与众不同的地方。他们的设计装潢就像公司的名称一样，犹如一座游戏场，灯光的色调以橘色为主，员工可以自由布置自己的办公空间，穿着也可以像家居一样随意。

更重要的是，老板刘柏园非常体贴员工，除了为员工提供最新的电脑配备外，更在公司内安排了许多可以放松身心的设施，像台球、健身器材、卡拉 OK、吧台等，甚至连电动玩具店的赛车驾驶台都有。如果员工累了，就可以玩玩这些设施。看看游戏橘子这些设施，实在很难让人相信它是一个公司。游戏橘子努力地让整个空间像是一座迷你型的主题乐园，是一个具有休闲功能的工作环境。不管是谁，都愿意待在公司里头，既可以好好地工作，也可以疯狂地玩乐。

电脑游戏业其实是竞争十分激烈的产业，全世界每天都有不同的产品问世，在其中工作所面临的压力是可想而知的。但是，也就是因为面临的压力大，所以更需要放松心情。像游戏橘子在办公室内所安排的娱乐设施，表面上看来是为了玩乐，但其背后的意义是为了提高员工的工作效率。从游戏橘子每日攀升的业绩数字来看，从其在业内不断增加的名气来看，舒缓宽松的环境总是激发创意的良方。

北宋的大文豪欧阳修，在《归田记》里曾说："予平生所作文章，多在'三上'——马上、枕上、厕上也。"他平时很喜欢在路上、睡觉和上厕所的时候思考问题，他认为这些时候头脑特别清醒。走在路上、睡觉的前后和上厕所时，常常是人的思想比较放松的时候，这时能有意识地将思维锁定在某个问题上，往往能得到新颖独特的想法。

英国物理学家贝尔纳创立了关于水结构的学说。在研究中，他一度被一个问题困扰着：即水从液体变为固体时，密度不像自然界多数物质那样增大，反而减小；相关联的，对两种轻元素——氢和氧组成的简单分子，又是什么样的内聚力足以使它们在常温下凝聚为液体，而不是气体呢？1932 年，贝尔纳还没有找到上述问题的答案，这时他应邀去苏联参加科学讨论会。

在讨论会结束准备乘飞机返回时，机场上大雾笼罩，飞机无法按时起飞。贝尔纳同前来送行的苏联热力学家福勒闲聊起来，两人触景生情，话题转到了雾，并由雾谈到了水。

福勒请贝尔纳解释水的结构，贝尔纳在解释过程中突然想到，掌握水的本质其关键在于它的分子结构，用 $H_2O$ 表示水分子时，可以不必说明氢原子是怎么排列的，或者简单地理解为 H—O—H，即氢原子排列在一条直线上。但氢原子假定从同一方向衔接起来就变成 O，那么就能形成强烈的电子矩阵。这样就可以解释水分子的内聚力为什么能在常温下使水分子凝聚为液体。此外，通过分子间的不同组合方式，也就可以解释水比冰重的反常现象。

回到英国后，顺着大雾所启发的思路，贝尔纳继续深入研究。数月后，贝尔纳和福勒合写的关于水结构方面的专著出版了。就这样由关于雾的闲谈而触发奇想，导致了水结构学说的诞生。

贝尔纳是属于"走在路上"的那种，在路上与人闲聊，心情轻松、思维清晰，又把目标锁定在大雾天气上，水结构学说的构思就是在这样舒缓的环境中诞生的。

"闲看云起时，夜半听涛声。"人的思维一旦轻松起来，进入一种自由自在的境界，创意往往"随风潜入夜"，悄悄来到你的面前。

## 在冥想的境界创新

很多人可能对僧人的参禅打坐很不理解，以为那样一定非常枯燥、乏味、辛苦。其实不然，僧人们在打坐时保持内心的虚空，右脑的思维非常活跃，不断会有灵感出现，以至于将经书中的理念一一参透，顿觉自己生命价值的无形提高。其实，他们是进入了一种冥想境界。

所谓的冥想就是一种停止左脑活动，而让右脑单独活动的思维方式。停止左脑活动即是停止知性和理性的大脑皮质作用，而使自律神经呈现活络状态。简单地说，就是停止意识对外的一切活动，而达到"忘我之境"的一种心灵自律行为。这不是要消失意识，而是在意识十分清醒的状态下，让潜意识的活动更加敏锐与活跃，从而有利于右脑进行创新。

冥想原本是宗教活动中的一种修心行为，如禅修、瑜伽、气功等，它被认为是一种使自己顺应上帝、顺应某种神灵或自然、顺应一切的修行。冥想是一种古已有之的锻炼身体与心灵的方法，冥想者可以从中获得启示，冥想现今已被广泛地运用到许多心灵活动的课程中。

一项发表在《中风》杂志上的最新研究表明，冥想可预防和治疗一些心血管疾病。该研究观察了 20 岁以上的 60 例高血压病人，为期 6~9 个月。一半患者采用冥想治疗，另一半予以合理的饮食及锻炼治疗。在研究的起始及结束阶段，应用超声测量受试者的动脉壁厚度，包括动脉斑块，当研究结束时，采用冥想治疗的受试者动脉壁厚度缩小了 0.098 毫米，而其他受试者则是增加了。

冥想不仅可以治疗疾病，使你感觉舒畅、心平气和，还可以改善你的脑结构，实实在在地健脑，这是科学家在最近的研究中得出的结论。

美国肯塔基大学的科学家用一种可量化的方法对冥想的功效进行了一次成功的实验，他们让参加实验的志愿者注视一个液晶显示屏，当某种图像显现的时候，志愿者被要求尽可能快地按动一个按钮。

一般来说，图像出现之后，人们按动按钮需要 200～300 毫秒的时间做出反应，而睡眠不足的人需要更长的时间，有时甚至无法做出反应。

研究人员让志愿者在冥想前后参加按动按钮的测试，并与同时进行的其他测试，例如有关睡眠、阅读、交谈的测试予以比较。实验表明，冥想使志愿者在做出反应时取得了好成绩，尤其是在一夜未眠的时候，冥想的提神作用更是十分显著。

在马萨诸塞州综合医院，研究人员为了弄清冥想的大脑机制使用了核磁共振成像设备，他们用这种技术扫描了 15 名惯于冥想者的大脑，然后将扫描结果同另外 15 名普通人的大脑进行比较。他们发现，冥想者的大脑皮层在一些地方比普通人厚。

以研究超导体而获得诺贝尔物理学奖的英国人布莱恩·佐瑟夫训逊，也是养成借由冥想收取心灵讯息的人，他曾说过："以冥想开启直觉，可获得发明的启示。"

根据科学的实验证明，当人进入冥想状态时，新皮质熟睡，而旧皮质的功能启动，意识开始倾听右脑的声音，我们潜在意识的力量就慢慢提高。大脑的活动会呈现出规律的 α 脑波，此时，人的想象力、创造力与灵感便会源源不断地涌出，此外对于事物的判断力、理解力都会大幅提升，同时身心会呈现安定、愉快、心旷神怡的感觉。

当今日本有位中松义郎，是个发明大王，堪称是当今最大，也是最有钱的发明大王，他已有 200 多项专利了。中松博士有两间工作室，一间叫"静屋"（也叫石屋），另一间叫"动屋"。在构思新创意时，他就到"静屋"去，一边听音乐，一边进入"心灵远足"的状态，不久新创意就会喷涌而出，接着再到"动屋"去，把刚才的创意付诸实施。中松先生每天早上8时上班，一直到深夜4时才入睡。他认为夜深人静时正是"心灵远足"的好时光，也是创意爆发的时刻。

冥想可以让你进行"心灵远足"，帮助你走出限制自我思维的小圈子，挖掘潜在的创新潜能。中松义郎可谓是一个善于利用冥想来创新的"发明大王"。

其实，我们每个人都能够借由冥想的方式来创造奇迹，不要把它认为是超能力，也不要把它当作某些杰出人物的专属方法，它是每个人心理上本来就拥有的东西，而且是任何人都唾手可得的东西。

## 第十四章　在逆境中蕴含良机

### 逆境激发潜能

有这样一个笑话，说一个人夜晚走到坟墓附近，不小心掉进一个墓穴里了，墓穴很深很滑，他怎么爬也爬不出去，已经是半夜了，几乎没有出去的可能，于是他在墓穴里等待明天再求救。忽然有个喝醉酒的人也掉了进来，爬了爬没爬出去。这时，早掉下去的人突然说："不用爬了，我试了爬不出去的。"这时那个人忽地三两下就爬出去了。

为什么早掉下去的人没爬出去？喝醉酒的人之前也爬不出去，但是早掉下去那个人突然说话之后，喝醉酒的那个人却三两下爬出去了呢？我们可以想象，在黑暗阴冷的墓穴里，醉汉心里肯定是发怵的，背后突然响起的声音让他误以为墓穴里有僵尸之类的异物，害怕之余求生的欲望无意中激发了他的潜力。其实早掉下去的那人肯定也有能出去的潜力，只不过未被激发罢了。

我们有"狗急跳墙""背水一战"的说法，因为面对着险恶绝望的环境，无论是动物还是人出于求生的本能都易于激发自己的潜能，从而创造令人匪夷所思的奇迹。

据报道，某人在一次车祸中瘫痪，在轮椅上整整坐了5年。后来有一天，他不小心打翻了蜡烛，整个屋子便弥漫起大火，如果他不逃走将会被烧死。于是他忘记了一切，起身就往门外冲，然后跳下楼梯，在大街上狂奔了很远。当他停下来时，突然发现自己居然能够行走。

在轮椅上坐了5年的人竟然能在大火中狂奔！这是一件令人难以相信的事情，但用逆境求生来解释这又合情合理。或者这个人瘫痪的程度并不太严重，或者5年之中他的双腿已恢复了行走能力，但长期的习惯或心理暗示告诉他："你是个残疾人，你永远不能走路！"大火袭来，没有退路，在这种绝境下，用双腿逃生的能力就被激发了。

可见，我们每个人身上都隐藏着无穷无尽的潜能，只是需要恰当的时机来激发。

小山真美子是生活在日本札幌的一位年轻妈妈，她身材矮小，一天，她在楼下晒衣服，忽然发现她4岁的儿子从8楼的家里掉了下来。见此情景，她飞奔过去，赶在孩子落地之前将孩子接在了怀里，两人仅受了一点轻伤。这条消息在《读卖新闻》发布后，引起了日本盛田俱乐部的一位法籍田径教练布雷默的兴趣。因为根据报纸上刊出的示意图，他算了一下，从20米外的地方接住从25.6米高处落下的物体，必须跑出约每秒9.65米的速度，而这是一个无人能及的短跑速度！

为此，布雷默专门找到小山真美子，问她那天是怎样跑得那么快的。"是对孩子的爱"，小山这样回答，"因为我不能看到他受到伤害！"小山的回答给了布雷默一个重要的启示：人的潜力其实是没有极限的，只要你拥有一个足够强烈的动机！

布雷默回到法国后，专门成立了一家"小山田径俱乐部"，把小山的故事作为激励运动员突破自我极限的动力。结果他手下的一位名叫沃勒的运动员在世界田径锦标赛上获得了800米比赛的冠军。当记者问他是怎样在强手如林的比赛中夺冠的，沃勒回答说："是小山真美子的故事。因为当我在跑道上飞跑时，我就想象我就是小山真美子，在飞奔去救我的孩子！"

小山真美子能创造短跑奇迹，靠的是她刹那间迸发出来的巨大潜力。沃勒800米比赛夺魁，靠的是小山真美子救子对他的激励，从而激发体内的潜能。

人的潜力是无限的，只有在一定条件下，才能最大限度地激发自身的潜能。逆境是开发人体潜能的动力之一。著名科学家贝弗里奇说："人们最出色的工作往往是在逆境中做出的，思想上的压力，甚至肉体上的痛苦，都可能成为精神上的兴奋剂。很多作家、画家平时灵感难寻，只有在交稿时间迫近造成的压力下，大脑里才容易涌现出灵感。"创造学之父奥斯本说："多数有创造力的人，其实都是在期限的逼迫下从事工作的。决定了期限，就会产生对失败的恐惧感，因此，工作时加上情感的力量，会使得工作更加完美。"他还说："谁被逼到角落里，谁就会有出奇的想象。"当然，逆境压力不能过大，压力过大，就会把人给压怕了、压趴了。逆境适度，不但是行动的最好保障，而且往往能把潜能发挥到极致，创造出令人震惊的奇迹。

## 绝境求"新"

谁都不希望面临绝境，但绝境意外来临时，我们挡也挡不住，怨天尤人，还不如奋力一搏，说不定你会创造一个奇迹。

从前，中国古代某部落有一个年轻的伙夫，一次部落首领宴请宾客，他充当一位善于做菜的女仆的助手。在轮到该上第七道菜时，担任主厨的女仆突然晕倒了。这时，外面又正在催促赶快上菜，急得这个年轻的伙夫满头大汗。在这样的紧急情况下，他急中生智，抓了一把鲜嫩的瘦肉，裹上蛋黄，丢入油锅，然后三炒两炒便做成了一道菜，连忙送到宴席上。首领吃了十分满意，宾客也吃得津津有味。宴会结束后，首领询问这道菜叫什么名字，左右的仆人们都答不上来，只得如实禀报说，这道菜是伙夫做的。首领下令要立即见这个人。这位年轻的伙夫听说首领要见自己，心想这下糟了，大祸临头了！他战战兢兢地走到首领的面前，当首领问他这道菜叫什么名字时，他脱口回答说："回大人，这道菜叫黄金肉。"首领听了哈哈大笑，连声说道："不错！不错！这道菜做得好！名字也取得好！"

作为做菜女仆的助手，在女仆晕倒后，那位年轻伙夫有责任代替主厨做好菜并及时送出。如果放手不管，首领怪罪下来，轻则会挨打受骂，重则有杀身之祸，这时他自然会急得满头大汗。可是他没有急得只会像热锅上的蚂蚁那样团团转，却是急中生智，想出了一个好主意：随手抓了一把鲜嫩的瘦肉裹上蛋黄便丢在油锅里炒。他所创作的"黄金肉"，显然是被绝境逼出来的。

人的潜力是无穷的，有了刺激，才会往前跑、向上跳。有了机会，才知道自己的实力有发挥的空间。

有人曾经说过这样一句话："瀑布之所以能在绝处创造奇观，是因为它有绝处求生的勇气和智慧。"

其实我们每个人都像这瀑布一样，在平静的溪谷中流淌时，波澜不惊，看不出蕴含着多大的创新潜能。而当我们身处绝境时，往往才能将这种潜能开发出来，使自己成为一名能够在绝处创新的人才。

下面是一个绝境求新的真实故事：

第二次世界大战期间，有位苏联士兵驾驶一辆苏H重型坦克，他非常勇猛，一马当先地冲入了德军的心腹重地。这一下虽然把敌军打得抱头鼠窜，但它自己渐渐脱离了大部队。

就在这时，突然轰隆隆一声，他的坦克陷入了德军阵地中的一条防坦克深沟之中，顿时熄了火，动弹不得。

这时，德军纷纷围了上来，大喊着："俄国佬，投降吧！"

刚刚还在战场上咆哮的重型坦克，一下子变成了别人的瓮中之物。

苏联士兵宁死也不肯投降，但是现实一点也不容乐观，他正处于坐以待毙的绝境。

突然，苏军的坦克里传出了"砰砰砰"的几声枪响，接着就是死一般的沉寂。看来苏联士兵在坦克中自杀了。

德军很高兴，就去弄了辆坦克来拉苏军的坦克，想把它拖回自己的堡垒。可是德军这辆坦克吨位太轻，拉不动苏军的庞然大物，于是德军就又弄了一辆坦克来拉。

两辆德军坦克拉着苏军坦克出了壕沟。突然苏军的坦克发动起来，它没有被德军坦克拉走，反而拉了德军的坦克就走。

德军惊慌失措，纷纷开枪射向苏军坦克，但子弹打在钢板上，只打出一个个浅浅的坑洼，奈何它不得。那两辆被拖走的德军坦克，因为目标近在咫尺，无从发挥火力，只好像驯服的羔羊，乖乖地被拖回到苏军阵地。

原来，苏联士兵并没有自杀，而是在那种绝境中，被逼得想出了一个绝妙的办法。他以静制动，后发制人，让德军坦克将他的坦克拖出深沟，然后凭着自身强劲的马力，反而俘虏了两辆德军坦克。

其实，我们每个人皆是如此，虽然我们的工作并不都是面临着枪林弹雨，但总有身处绝境的时候，每当此时，我们往往会产生爆发力，而正是这种爆发力将我们的创新潜能激发出来了。

所以，面临绝境的时候，不要灰心、不要气馁，更不要坐以待毙，利用好绝境激发创新潜能，你我都可以"杀出一条血路"。

# 第五篇

## 磨砺思维的利器

## 第十五章　逻辑思维

## 善用逻辑，洞悉创新先机

生活中，很多事情的解析其实都有赖于一种分析和推理。正确的逻辑思考，可以帮助人们解决很多问题，可以让人洞悉创新先机。

下面故事中的亚默尔通过逻辑思考洞悉了别人看不见的机会，可谓是一种极富创造性的成功方法。

亚默尔肉类加工公司的老板菲利普·亚默尔每天都有看报纸的习惯，虽然生意繁忙，但他每天早上到了办公室，就会看秘书给他送来的当天的各种报刊。

初春的一个上午，他像往常一样坐在办公室里看报纸，一条不显眼的不过百字的消息引起了他的注意：墨西哥疑有瘟疫。

亚默尔的头脑中立刻展开了独特的推理：如果瘟疫出现在墨西哥，就会很快传到加州、得州，而美国肉类的主要供应基地就是加州和得州，一旦这里发生瘟疫，全国的肉类供应就会立即紧张起来，肉价肯定也会飞涨。

他马上让人去墨西哥进行实地调查。几天后，调查人员回电报，证实了这一消息的准确性。

亚默尔放下电报，马上着手筹措资金大量收购加州和得州的生猪和肉牛，运到离加州和得州较远的东部饲养。两三个星期后，西部的几个州就出现了瘟疫。联邦政府立即下令严禁从这几个州外运食品。北美市场一下子肉类奇缺、价格暴涨。

亚默尔认为时机已经成熟，马上将囤积在东部的生猪和肉牛高价出售。仅仅3个月时间，他就获得了900万美元的利润。

亚默尔重视信息，而且善于运用逻辑思维对接收到的信息进行思考。当他收到一则信息后，先在头脑中进行一番推理，来判断该信息的真伪或根据该信息导出更多的未知信息，从而先人一步，夺取主动。这种逻辑思维方法在创新领域也具有很大的借鉴意义。

逻辑思维是一种比较规范的、严密的分析推理方式，它依靠我们把握事物的关键点，逐层推进，深入分析，而不能靠无端的臆想和猜测。如果仅仅具有感性意识，人们对事物的认识只可能停留在片面的、现象的层面上，根本无法全面把握事物的本质，做出有价值的判断。

和上面故事中的亚默尔一样，下面故事中的巴鲁克也正是依靠逻辑思维看到了别人看不到的机会。

伯纳德·巴鲁克是美国著名的实业家、政治家，在30出头的时候就成了百万富翁。1916年，威尔逊总统任命他为"国防委员会"顾问，以及"原材料、矿物和金属管理委员会"主席，以后又担任"军火工业委员会主席"。1946年，巴鲁克担任了美国驻联合国原子能委员会的代表，并提出过一个著名的"巴鲁克计划"，即建立一个国际权威机构，以控制原子能的使用和检查所有的原子能设施。无论生前死后，巴鲁克都受到了普遍的尊重。

在刚刚创业的时候，巴鲁克也是非常艰难的。但就是他所具有的那种对信息的敏感，加之合理的推理，使他一夜之间发了大财。

1898年7月的一天晚上，28岁的巴鲁克正和父母一起待在家里。忽然，广播里传来消息，美国海军在圣地亚哥消灭了西班牙舰队。

这一消息对常人来说只不过是一则普通的新闻，巴鲁克却通过逻辑分析，从中看到了商机。

美国海军消灭了西班牙舰队，这意味着美西战争即将结束，社会形势趋于稳定，那么，在商业领域的反映就是物价上扬。

这天正好是星期天，用不了多久便是星期一了。按照通常的惯例，美国的证券交易所在星期一都是关门的，但伦敦的交易所则照常营业。如果巴鲁克能赶在黎明前到达自己的办公室，那么就能发一笔大财。

那个时代，小汽车还没有出世，火车在夜间又停止运行，在常人看来，这已经是无计可施了，而巴鲁克想出了一个绝妙的主意：他赶到火车站，租了一列专车。皇天不负有心人，巴鲁克终于在黎明前赶到了自己的办公室，在其他投资者尚未"醒"来之前，他就做成了几笔大交易。他成功了！

逻辑思维就具有那么奇妙的力量，能让你在纷繁复杂的信息中进行有效的筛选，经过逻辑思考的加工，挖掘出信息背后的信息，这样，才能及时地抓住成功先机，抓住创新先机。

在今后的创新活动中，我们也要学会运用这种严密的逻辑推理方式，它能帮我们抓住创新的关键点，然后层层推进，认真分析并做出正确判断后，我们最终能洞悉创新的内在架构。善用逻辑，我们就能洞悉创新先机。

## 演绎推理法可由已知推及未知

所谓的演绎推理法就是从若干已知命题出发，按照命题之间的必然逻辑联系，推导出新命题的思维方法。演绎推理法既可作为探求新知识的工具，使人们能从已有的认识推出新的认识，又可作为论证的手段，使人们能借以证明某个命题或反驳某个命题。

演绎推理法是一种解决问题的实用方法，我们可以通过演绎推理找出问题的根源，提出可行的解决方案，做出创新。

众所周知，伽利略的"比萨斜塔试验"使我们认识了自由落体定律，从此推翻了亚里士多德关于物体自由落体运动的速度与其重量成正比的论断。实际上，促成这个试验的是伽利略的逻辑思维能力。在实验之前，他做了一番仔细的思考。

他认为：假设物体 $A$ 比 $B$ 重得多，如果亚里士多德的论断是正确的话，$A$ 就应该比 $B$ 先落地。现在把 $A$ 与 $B$ 捆在一起成为物体 $A+B$，一方面因 $A+B$ 比 $A$ 重，它应比 $A$ 先落地；另一方面，由于 $A$ 比 $B$ 落得快，$B$ 会拖 $A$ 的"后腿"，因而大大减慢 $A$ 的下落速度，所以 $A+B$ 又应比 $A$ 后落地。这样便得到了互相矛盾的结论：$A+B$ 既应比 $A$ 先落地，又应比 $A$ 后落地。

2000 年来被奉为真理的论断竟被如此简单的推理所推翻，伽利略运用的思考方式便是演绎推理法。

下面就是一个运用演绎推理法的典型例子：

有一个工厂的存煤发生自燃，引起火灾。为防止再次发生火灾，厂方请专家帮助设计防火方案。

专家首先要解决的问题是：一堆煤自动地燃烧起来是怎么回事？通过查找资料可以知道，煤是由地质时期的植物埋在地下，受细菌作用而形成泥炭，再在水分减少、压力增大和温度升高的情况下逐渐形成的。也就是说，煤是由有机物组成的。而且，燃烧要有温度和氧气，煤慢慢氧化积累热量，温度逐渐升高，温度达到一定限度时就会自燃！那么，预防的方法就可以从产生自燃的因果关系出发来考虑了。最后，专家给出了具体的解决措施，有效地解决了存煤自燃的问题：

（1）煤炭应分开储存，每堆不宜过大。

（2）严格区分煤种存放，根据不同产地、煤种，分别采取措施。

（3）清除煤堆中诸如草包、草席、油棉纱等杂物。

（4）压实煤堆，在煤堆中部设置通风洞，防止温度升高。

（5）加强对煤堆温度的检查。

（6）堆放时间不宜过久。

对这个问题我们可以从两方面进行思考：一是从原因到结果；二是从结果到原因。无论哪种思路，运用的都是演绎推理法。演绎推理法可帮我们由已知推及未知。

通过演绎推理推出的结论，是一种必然无误的断定，因为它的结论所断定的事物情况，并没有超出前提所提供的知识范围。

下面是一则趣味数学故事，通过它我们可以看到演绎推理的这一特点。

维纳是20世纪最伟大的数学家之一，他是信息论的先驱，也是控制论的奠基者。3岁就能读写，7岁就能阅读和理解但丁和达尔文的著作，14岁大学毕业，18岁获得哈佛大学的科学博士学位。

在授予学位的仪式上，只见他一脸稚气，人们不知道他的年龄，于是有人好奇地问道："请问先生，今年贵庚？"

维纳十分风趣地回答道："我今年的岁数的3次方是个4位数，它的4次方是6位数，如果把两组数字合起来，正好包含0123456789共10个数字，而且不重不漏。"

言之既出，四座皆惊，大家都被这个趣味的回答吸引住了。"他的年龄到底有多大？"一时之间，这个问题成了会场上人们议论的中心。

这是一个有趣的问题，虽然得出结论并不困难，但是既需要一些数学"灵感"，又需要掌握演绎思维推理的方法。为此，我们可以假定维纳的年龄是在17岁到22岁之间，再运用演绎推理方法，看是否符合前提。

请看：17的4次方是83521，是个5位数，而不是6位数，所以小于17的数做底数肯定也不符合前提条件。

这样一来，维纳的年龄只能从18、19、20和21这4个数中去寻找。现将这4个数的4次方的乘积列出：104976、130321、160000和194481。在以上的乘积中，虽然都符合6位数的条件，但在19、20、21的4次方的乘积中，都出现了数码的重复现象，所以也不符合前提条件。剩下的唯一数字是18，让我们验证一下，看它是否完全符合维纳提出的条件。

18 的 3 次方是 5832（符合 4 位数），18 的 4 次方是 104976（6 位数）。在以上的两组数码中不仅没有重复现象，而且恰好包括了从 0 到 9 的 10 个数字。因此，维纳获得博士学位的时候是 18 岁。

从以上的介绍来看，无论是关于煤发生自燃的原因的推理，或是科学发现和发明的诞生，都说明演绎推理是一种行之有效的思维方法。因此，我们应该学习、掌握它，正确地运用它，做到这些，我们也就掌握了一种行之有效的创新思维方法。

# 回溯推理法可由"果"推"因"

在 20 世纪初，非洲流行着一种可怕的昏睡病，许多当地人患了这种疾病以后，就陷入无休止的睡眠当中，直到死去。在这里，死是结果，而昏睡病是导致死亡的原因。

为了治疗这种疾病，有人给患者服用一种叫作阿托品的化学药品，虽然将导致昏睡病的锥虫杀死了，但患者病愈后常常伴有双目失明的痛苦。从因果关系上看，杀死锥虫和失明都是"果"，而"因"是服用阿托品所致，可以说这个是一因二果。面对这样的结果，德国细菌学家埃尔立西设想：能不能把"阿托品"的化学结构改变一下，使一因二果变成一因一果，即只是杀死锥虫而不至于损害视觉神经？埃尔立西经过无数次的试验，终于和日本学者秦左八郎一起发明了砷制剂"606"，成为治疗昏睡病的有效药物，为化学疗法的发展做出了重要的贡献。

在这里，德国细菌学家埃尔立西就是用到了逻辑思维中的回溯推理法。

回溯推理法，顾名思义，就是从事物的"果"推出事物的"因"的一种方法。这种方法最主要的特征就是因果性，在通常情况下，由事物变化的原因可知其结果；在相反的情况下，知道了事物变化的结果，又可以推断导致结果的原因。因此，事物的因果是相互依存的。

回溯推理法在地质考察与考古发掘方面占有重要的地位。例如，根据对陨石的测定，用回溯推理的方法推知银河系的年龄大概为140亿~170多亿年；又根据对地球上最古老岩石的测定，推知地球大概有46亿年的历史了。

在科学领域，这一方法也常被用于新事物的发明和发现。

自20世纪80年代中期以来，科学家们发现臭氧层在地球范围内有所减少，并在南极洲上空出现了大量的臭氧层空洞。此时，人们才开始领悟到人类的生存正遭受到来自太阳强紫外线辐射的威胁。大气平流层中臭氧的减少，这是科学观察的结果。那么引起这种结果的原因是什么呢？于是科学家们运用了回溯推理的思维方法，开展了由"果"索"因"的推理工作。其实，1974年化学家罗兰就认为氟氯烃将不会在大气层底层很快分解，而在平流层中氟氯烃分解臭氧分子的速度远远快于臭氧的生成过程，造成了臭氧的损耗。这就是说，氟氯烃是使大气中臭氧减少的罪魁祸首，是出现臭氧空洞的直接原因。

由"果"推"因"的回溯推理法在侦查案件上经常被用到。因为勘查现场的情况就是"果"，由此推测出作案的动机和细节，为顺利地侦破案件创造条件。

回溯推理思维方法既然是一种科学的思维方法，那么就可以通过学习来进行培养，当然就可以通过某些方式来进行自我训练。例如，多读一些侦探小说、武侠小说，就有利于回溯推理思维能力的提高。英国著名作家阿瑟·柯南道尔著的《福尔摩斯探案全集》，就是一部十分精彩的侦探小说，可以说是一部回溯推理的好教材，不妨认真一读。该书的结构严谨，情节跌宕起伏，人物形象鲜明，逻辑性强，故事合情合理。故事主人公正因为拥有回溯推理思维的能力，所以在小说中他们都表现出一定的创新力。可见，运用好回溯推理法，一样可以为我们带来创新的机会，一样可以提升我们的创新力。

## 第十六章 灵感思维

### 要学会"抓拍"灵感

有一位老师为了考考学生的快速应变思维能力，提了这样一个问题："空中两只鸟儿一前一后地飞着，你怎样一下子把它们都抓住？"

学生们你一言我一语地说：用大网、用气枪、用麻袋……说什么的都有，方法很多，但大家都感到这些方法难以实现。

老师的答案大大出乎学生的意料：

"照相机抓拍！"

用快速抓拍的方法，太妙了！瞬间就能留下永恒。

灵感，作为人类最奇特、最具活力而又神秘莫测的高能创新思维，它有时就像那飞翔的鸟一样，突然闪现，转瞬即逝，倘若毫无准备，灵感的飞鸟一旦消失就会无影无踪，而且在短期内不会重现，有的甚至在很长时间内也难以再现。这时，就需要我们具备快速抓住灵感的能力，那就是学会"抓拍"灵感。奥地利著名作曲家约翰·施特劳斯，就是一位"抓拍"灵感的闪电高手。一次，施特劳斯在一个优美的环境中休息，突然灵感火花涌现，当时他没有带纸，急中生智的施特劳斯迅速脱下衬衣，挥笔在衣袖上谱成一曲，这就是后来举世闻名的圆舞曲《蓝色多瑙河》。

　　创造学研究表明，所有智力和思维正常的人，随时随地都会有各种各样、大大小小的灵感在头脑中闪现，可是由于主人预先没有做好捕捉的准备，大量的灵感、创意、妙策、奇思、思想火花甚至惊人的发现，都在人们漫不经心、猝不及防、来不及捕捉与记录的情况下消失得无影无踪。

　　我国古代有位诗人，在寒冬之时，见到地上一望无际的白雪洁亮晶莹，遂有写诗的兴致，但是他没有立刻写出，他觉得现在时机尚未成熟，所以他自语道："吾将诗兴置于雪！"

　　这位诗人将诗兴埋了几个月，仍然一个字都没有写出来。等到春暖花开时，雪也被太阳融尽了，诗人也没有了写诗的灵感，便自叹道："只怨烈日误我诗！"

　　佛教曾说我们有眼、耳、鼻、口、舌、身等六意，意思是指我们每天会有许多的念头起伏，就像海中的泡沫一样，一个破灭时，另一个又会升起。而灵感出现的状况也是如此，有如电动玩具中的打地鼠游戏，不时会在我们心中浮现，要是我们因为懒惰或其他的什么原因而搁置灵感，不立刻记下，也许就会像那位诗人，从下雪到雪融，任凭灵感消失。

　　为了避免再产生这样的遗憾，我们应该培养"抓拍"灵感的习惯。马上记录便是"抓拍"的一种方法，只要有点子出现，就立刻记下，这些最原始的想法，经过日积月累之后，就会变成我们创意的资料库。像台湾知名创作歌手陈升，就有随手记下自己心情的习惯，即使是几个突然想到的旋律。陈升自己还透露，他曾经为了抄下几个绝佳的和弦，差点在十字路口被车撞，可见他是多么在乎随机产生的灵感。

　　既然你已经注意到了灵感是这么容易消逝，也开始了灵感思考，下面该做的就是准确地把想到的灵感记录下来，否则就会像大多数人一样，还没开始执行就忘光了。你是否有这样的经历，早晨一醒来就冒出一个好点子，等你到了教室或办公室，却怎么也想不起来这点子是什么了。许多灵感是与周围环境息息相关的，一旦环境改变了，灵感也就不见了，所以要养成随手记录的好习惯。以下是一些记录创意常用的方法：

（1）在床头或厨房里放一沓便笺。

（2）在浴室里放一支笔。

（3）在车里放一部小型录音机。

（4）随时在口袋里准备着笔记本或便笺。

（5）把点子记在每日必看的电视节目单上。

（6）用增进记忆的方法——以图画表述点子的主旨。

（7）马上给自己打录音电话。

（8）一时找不到纸就记在手腕上。

（9）一定要随身带笔，如果忘了，就要开动脑筋，例如，利用沙滩上的沙、浴室镜子上的雾、仪表盘上的积灰……

学会了记录灵感的方法，当灵感像飞鸟雷电般闪现时，我们便能迅速"抓拍"，让灵感无处遁形。

## 梦境获得顿悟

我们常常做梦，也常常为一些荒诞不经的梦而摇头，并且不屑一顾。但我们并不知道，梦也是获得灵感的一种方法，在清醒时我们绞尽脑汁也解决不了的创新难题，往往在梦境中会让我们顿悟。

梦境顿悟是灵感的一种，这种灵感可以从梦中的情景获得有益的"答案"，帮助我们创新，推动创造的进程。

宋朝许彦周在《诗话》中曾说："梦中赋诗，往往有之。"我国古代的许多诗人、文学家都有梦中赋诗、改诗、作文、评句的记载。

在汉朝，传说司马相如要给汉武帝献赋，可是不知献什么好。夜里他梦见一位黄胡须的老者对他说："可为《大人赋》。"司马相如醒后，真的按梦中所示，献上《大人赋》，结果受到了汉武帝的赏赐。

宋朝诗人陆游，以《记梦》《梦中作》为题的诗稿，在其全集中多达90余首。其中有一首诗的题目是：《五月十一日夜且半，梦从大驾亲征，尽复汉唐故地，见城邑人物繁丽，云西凉府也，喜甚，马上作长句，未终篇而觉，乃足成之》。从这首诗的题目中，我们便可以看出他是如何在梦中吟诗作赋，进行文学创作的。

苏东坡在梦中也多有佳作产生，仅《东坡志林》一书，就记载着他在梦中作诗作文的许多材料。例如，"苏轼梦见参寥诗""苏轼梦赋《裙带词》""苏轼梦中作祭文""苏轼梦中作靴铭"等。

其实不仅是文学创作如此，很多发明创造的诞生亦是得益于梦境顿悟的。

美国宾夕法尼亚大学的希尔普雷西特是楔形文字的破译者。他在自己的自传中写道：

到了半夜，我觉得全身疲乏极了！于是，上床睡觉，不久就睡熟了。蒙眬之中，我做了一个很奇异的梦——一个高高瘦瘦的、大约四十来岁的人，穿着简单的袈裟，很像是古代尼泊尔的僧侣，将我带至寺院东南侧的一座宝物库。然后我们一起进入一间天窗开得很低的小房间。房间里，有一个很大的木箱子，和一些散放在地上的玛瑙及琉璃的碎片。

突然，这位僧侣对我说：你在22页和26页分别发表的两篇文章里，所提到的有关刻有文字的指环，实际上它并不是指环，它有着这样一段历史：某次，克里加路斯王（约公元前1300年）送了一些玛瑙、琉璃制的东西，和上面刻有文字的玛瑙奉献筒给贝鲁的寺院。不久，寺院突然接到一道命令：限时为尼尼布神像打造一对玛瑙耳环。当时，寺院中根本没有现成的材料，所以，僧侣们觉得非常困难。为了完成使命，在不得已的情况下，他们只好将奉献筒切割成三段。因此，每一段上面，各有原来文章的一部分。开始的两段，被做成了神像的耳环，而一直困扰你的那两个破片，实际上就是奉献筒上的某一部分。如果你仔细地把两个破片拼在一起，就能够证实我的话了。

僧侣说完以后，就不见了。这个时候，我也从梦中惊醒过来。为了避免遗忘，我把梦到的细节，一五一十地说给妻子听。第二天一早，我以梦中僧侣所说的那一段话作为线索，再去检验破片，结果很惊奇地发现，梦中所见到的细节，都得到了证实。

俄国化学家门捷列夫也有类似的经历。为探求化学元素之间的规律，他研究和思考了很长的时间，却未取得突破。他把一切都想好了，就是排不出周期表来。为此他连续三天三夜坐在办公桌旁苦苦思索，试图将自己的成果制成周期表，可是没有成功。大概是太劳累的缘故，他便倒在桌旁呼呼大睡，想不到睡梦中各种元素在表中都按它们应占的位置排好了。一觉醒来，门捷列夫立即将梦中得到的周期表写在一张小纸上，后来发现这个周期表只有一处需要修正。他风趣地说："让我们带着要解决的问题去做梦吧！"

为什么在清醒状态下百思不得其解，而在梦中会得到创造性的启示呢？其实，这并非什么奇异现象。当个体处于睡眠状态时，并不等于机体绝对静止，它的新陈代谢过程仍在缓慢进行，此时的思维活动不但在进行，而且还超越了白天清醒状态缠绕于头脑中的"可能与不可能""合理与不合理""逻辑与非逻辑"的界限，而进入一个超越理性、横跨时空的自由自在的思维状态，从而使我们获得了创新的灵感。

## 相信直觉

灵感与人的直觉是密不可分的，直觉是人的先天能力，它是在无意识状态下，从整体上迅速发现事物本质属性的一种思维方法。它不经过渐进的、精细的逻辑推理，是一种思维的断层和跳跃，往往可以成为创意的源泉，被人们称为"第六感"。现实生活中，很多人其实正是靠直觉处理事情的。任何时候人都会有预感，只是我们时常忽视它，或把它当作非理性的无用之物。

假如我们能够了解，直觉是人类另一个认知系统，是和逻辑推理并行的一种能力，或许我们比较能够接受直觉的存在。让直觉进入我们的生活，与思考的能力并行，就像打开车子前面的两个大灯，同时照亮我们左右两边的视野。

直觉较为丰富的人应具有以下特点：相信有超感应这回事；曾有过事前预测某事的经验；碰到重大问题，内心会有强烈的触动，所做成的事大都是凭感觉做的；早在别人发现问题前就觉得该问题存在；曾梦到问题的解决办法；总是很幸运地做成看似不可能的事；在大家都支持一个观念时，能够持反对意见而又找不到原因；等等。

直觉是成就创新的一种灵感，在艺术创作和科学活动中，几乎处处都有直觉留下的痕迹。

马兹马尼扬曾对60名杰出的歌剧和话剧演员、音乐指挥、导演和剧作家们的创作进行了研究，结果这些人都谈到直觉思维曾在他们的创作过程中起过积极作用。

居里夫人在镭的原子量测定出来前4年就已预感到它的存在，并提议将其命名为镭，"以直觉的预感击中了正确的目标"。诺贝尔奖获得者丁肇中教授也写道："1972年，我感到很可能存在许多具有光特性而又比较重的粒子，然而理论上并没有预言这些粒子的存在。我直观上感到没有理由认为重光子一定要比质子轻。后来经过实验，果然发现了震动物理界的J粒子。"

1908年的一天，日本东京帝国大学化学教授池田菊苗正坐在餐桌旁，品味着贤惠的妻子为他准备的晚餐。餐桌上摆满了各种各样的菜肴，教授吃吃这个、尝尝那个，然后拿起汤匙喝了口妻子特意为他做的海带汤。

刚喝了一口，池田菊苗教授即面露惊异之色，因为他发现海带汤太鲜美了。直觉告诉池田菊苗，这种汤中肯定含有一种特殊的鲜味物质。于是，教授取来许多海带，进行了一系列化学分析，经过半年多的努力，终于从 10 千克海带中提炼出了 2 克谷氨酸钠，把它放进菜肴里，鲜味果然大大提高了。池田菊苗便将这种鲜味物质定名为"味の素"（即味之素），也就是我们所说的味精。

由于直觉在发明创造领域的重要作用，一些著名的科学家、艺术家由衷地给了直觉最高的评价。如爱因斯坦说："我相信直觉和第六感觉。""直觉是人性中最有价值的因素。"未来派艺术大师玛里琳·弗格森说："如果没有直觉能力的话，人类将仍然生活在洞穴时代。"丹麦物理学家玻尔说："实验物理的全部伟大发现都来源于一些人的直觉。"他还举例说："卢瑟福很早就以他深邃的直觉认识到原子核的存在。"法国著名数学家彭加勒说："教导我们瞭望的本领是直觉。没有直觉，数学家便会像这样一个作家：他只是按语法写诗，却毫无思想。"

当然，由于直觉思维的非逻辑性，因此它的结论常常是不可靠的，但我们不能因此而否定直觉思维的创新作用。著名物理学家杨振宁教授在谈到氢弹之父泰勒博士的讲课特点时曾说过这样一句话："泰勒的物理学的一个特点是他有许多直觉的见解，这些见解不一定都是对的，恐怕有 90% 是错误的，不过没关系，只要有 10% 是对的就行了。"

## 第十七章　逆向思维

# 何不尝试"反其道而行之"

当你面对一个史无前例的问题，沿着某一固定方向思考而不得其解时，灵活地调整一下思维的方向，从不同角度展开思考，甚至把事情整个反过来想一下，那么就有可能反中求胜，捧得创新的果实。

宋神宗熙宁年间，越州（今浙江绍兴）闹蝗灾。成片的蝗虫像乌云一样，遮天蔽日。所到之处，禾苗全无，树木无叶，一片肃杀景象。当然，这年的庄稼颗粒无收。

当时，新到任的越州知州赵汴，就面临着整治蝗灾的艰巨任务。越州不乏大户之家，他们有积年存粮。老百姓在青黄不接时，大都过着半饥半饱的日子，而一旦遭灾，便缺大半年的口粮。灾荒之年，粮食比金银还贵重，哪家不想存粮活命？一时间，越州米价飞涨。

面对此种情景，僚属们都沉不住气了，纷纷来找赵汴，求他拿出办法来。借此机会，赵汴召集僚属们商议救灾对策。

大家议论纷纷，但有一条是肯定的，就是依照惯例，由官府出告示压制米价，以救百姓之命。僚属们七嘴八舌，说附近某州某县已经出告示压米价了，我们倘若还不行动，米价天天上涨，老百姓将不堪其苦，甚至会起事造反的。

赵汴听了大家的讨论后，沉吟良久，才不紧不慢地说："今次救灾，我想反其道而行之，不出告示压米价，而出告示宣布米价可自由上涨。""啊？"众僚属一听，都目瞪口呆，先是怀疑知州大人在开玩笑，而后看知州大人蛮认真的样子，又怀疑这位大人是否吃错了药，在胡言乱语。赵汴见大家不理解，笑了笑，胸有成竹地说："就这么办。起草文书吧！"

官令如山倒，大人说怎么办就怎么办。不过，大家心里都直犯嘀咕：这次救灾肯定会失败，越州将饿殍遍野，越州百姓要遭殃了！这时，附近州县纷纷贴出告示，"严禁私增米价。若有违反者，一经查出，严惩不贷。揭发检举私增米价者，官府予以奖励"。而越州则贴出不限米价的告示，于是，四面八方的米商纷纷闻讯而至。头几天，米价确实增了不少，但买米者看到米上市得太多，都观望不买。然而过了几天，米价开始下跌，并且一天比一天跌得快。米商们想不卖再运回去，但一则运费太贵，增加成本；二则别处又限米价，于是只好忍痛降价出售。这样一来，越州的米价虽然比别的州县略高点，但百姓有钱可买到米；而别的州县米价虽然压下来了，但百姓排半天队也很难买到米。所以，这次大灾，越州饿死的人最少，受到了朝廷的嘉奖。

僚属们这才佩服了赵汴的计谋，纷纷来请教其中原因。赵汴说："市场之常性，物多则贱，物少则贵。我们这样一反常态，告示米商们可随意加价，米商们都蜂拥而来。吃米的还是那么多人，米价怎能涨上去呢？"原来奥妙在于此。

很多时候，对问题只从一个角度去想，很可能进入死胡同，因为事实也许存在完全相反的可能。有时，问题实在很棘手，从正面无法解决，这时，假如探寻逆向可能，反其道而行，反倒会有出乎意料的结果。

有一家旅馆的经理，对于旅馆内的一些物品经常被住宿的旅客顺手牵羊的事情感到头疼，却一直拿不出很有效的对策来。

他嘱咐属下在客人到柜台结账时，要迅速派人去房内查看是否有什么东西不见了。结果客人都在柜台等待，直到房务部人员查清楚之后才能结账，不但结账太慢，而且觉得面子挂不住，下一次再也不住这个饭店了。

旅馆经理觉得这样下去不是办法，于是召集了各部门主管，想找到更好的法子，制止旅客顺手牵羊。

几个主管围坐在一起冥思苦想了一番。一位年轻主管忽然说："既然旅客喜欢，为什么不让他们带走呢？"

旅馆经理一听瞪大了眼睛，这是哪门子的馊主意？

年轻主管急忙挥挥手表示还有下文，他说："既然顾客喜欢，我们就在每件东西上标上价格，说不定还可以有额外收入呢！"

大家眼睛都亮了起来，兴奋地按计划进行。

有些旅客喜欢顺手牵羊，并非蓄意偷窃，而是因为很喜欢房内的物品，下意识觉得既然付了这么贵的房租，为什么不能取回家做纪念品，而且又没明白规定哪些不能拿，于是，就故意装糊涂拿走一些小东西。

针对这一点，这家旅馆给每样东西都标了价，说明客人如果喜欢，可以向柜台登记购买。在这家旅馆之内，忽然多出了好多东西，像墙上的画、手工艺品、有当地特色的小摆饰、漂亮的桌布，甚至柔软的枕头、床罩、椅子等用品都有标价。如此一来，旅馆里里外外都布置得美轮美奂，给客人们的印象好极了。

这家旅馆的生意竟然越来越好了！

逆向思考，要求我们深入考察问题，发现问题的根源所在。就像文中这位年轻的主管，他发现客人"顺手牵羊"并非想占便宜，而是真心喜欢旅馆的装饰品，那么，解决的方法很简单：明码标价，卖给他们就行了。在平时的工作、学习中，我们也不要让自己陷入思维的死胡同，要懂得适时反转自己的大脑，运用逆向思维，以使问题获得创造性的解决。

思维逆转本身就是一种创新灵感的源泉。遇到问题，我们不妨多想一下，能否朝反方向考虑一下解决的办法。反其道而行是人生的一种大智慧，当别人都在努力向前时，你不妨倒回去，做一条反向游泳的鱼，去寻找属于你的创新路径。

# 改变问题本身

一件事情如果找不到解决的办法怎么办？一般的人也许会告诉你："那只能放弃了。"但善于运用逆向思维的杰出人士会这样说："找不到办法，那就改变问题！"改变问题本身往往就是一种十分有效的解决办法。

某楼房自出租后，房主不断地接到房客的投诉。房客说，电梯上下速度太慢，等待时间太长，要求房主迅速更换电梯，否则他们将搬走。

已经装修一新的楼房，如果再更换电梯，成本显然太高；如果不换，万一房子租不出去，损失将更为惨重。

房主想出了一个好办法。

几天后，房主并没有更换电梯，可有关电梯的投诉再也没有接到过，剩下的空房子也很快租出去了。

为什么呢？原来，房主在每一层的电梯间外的墙上都安装了很大的穿衣镜，大家的注意力都集中到自己的仪表上，自然感觉不出电梯的上下速度是快还是慢了。

更换电梯显然不是最佳的解决方案，但问题该怎么解决呢？房主运用逆向思维改变了问题，将视角从"换不换电梯"这一问题转换到了"该如何让房客不再觉得电梯慢"，问题变了，方案也就产生了，转移大家的注意力就可以了。这真是一种奇妙的创新思维法。

无论你做了多少研究和准备，有时事情就是不能如你所愿。如果尽了一切努力，还是找不到一种有效的解决办法，那就试着改变这个问题。

彼得·蒂尔在离开华尔街重返硅谷的时候学到了这一课。

当时，互联网正飞速发展，无线行业也即将蓬勃发展，于是，彼得与马克斯·莱夫钦一起创办了一家叫 Field Link 的新公司。

这两位创业者相信，无线设备加密技术会是一个成长型市场。但是，他们老早就碰到了问题，最大的障碍是无线运营商的抵制。尽管运营商知道移动设备加密的必要性，但是 Field Link 是一个名不见经传的新企业，没有定价权，也没有讨价还价的砝码，而且还有许多其他公司试图做这一行，所以 Field Link 对运营商的需要超过了运营商对它的需要。

另一个问题是可用性。早期的无线浏览器很难使用，彼得和马克斯在这上面无法找到他们认为顾客需要的那种功能。这些挫折将他们引入了一个新的方向。他们不再试图在他们无法控制的两件事，即困难的无线界面和无线运营商的集权上抗争，转而致力于一个更简单的领域——通过 e-mail 进行支付。

当时，美国有 1.4 亿人有 e-mail，但是只有 200 万人有能联网的无线设备。除了提供更大的潜在市场外，e-mail 方案还消除了与大公司合作的必要性。同样重要的是，e-mail 使他们能够以一种直观而容易的形式呈现他们的支付方案，而用无线设备上的小屏幕无法做到这一点。

他们将公司的名字改成 PayPal，推出了一项基于 e-mail 的支付服务。为了启动这项服务，彼得决定，只要顾客签约使用 PayPal，就给顾客 10 美元的报酬；每推荐一个朋友参加，再给他 10 美元。"当时这样做看起来简直是疯了，但这是拥有顾客的一个便宜法子。"他解释说，"而且我们拥有的这类顾客其实价值更大，因为他们在频繁使用这个系统。这要比通过广告宣传得到 100 万随机顾客要好。"

PayPal 迅速取得了成功。在头 6 个月里，有 100 多万人签约使用这项新的支付服务。由于容易使用，界面友好，PayPal 迅速成为 eBay 上的支付系统，急剧发展起来。一年后，当他们决定关掉无线业务的时候，有 400 万顾客在使用 PayPal，而只有 1 万顾客在使用其无线产品。尽管 eBay 内部有一个名为 Billpoint 的支付服务，但是 PayPal 仍然是在线支付领域无可争议的领袖。PayPal 后来上市了，eBay 最终以 15 亿美元买下了 PayPal。如果彼得和马克斯坚持他们最初的计划，故事的结局就会全然不同了。

为问题寻找到合适的解决办法是通常所用的正向思维思考方式，但是，当难以找到解决途径时，实际上，也许最好的解决办法就是将问题改变，改变成我们能够驾驭的、善于解决的，这也是逆向思维的绝妙运用。

逆向思维是一种创新思维法，用好逆向思维，我们可以在"反向思考"中大大提升我们的创新力。

## 第十八章　发散思维

# 曲别针到底有多少种用途

发散性思维是指围绕一个中心问题，多方面进行思考和联想以探求问题答案的思维方式。

"多"是发散性思维的最大特点：多角度、多层次、多思路、多途径……然后从中选择最好的方法，求得最佳的答案，这种答案往往具有很大的创造性。

一枚曲别针究竟有多少种用途？你能说出几种？十种？几十种？还是几百种？

也许你会说一枚曲别针不可能有如此多的用途，那么，这只能够说明你的思维不够开阔、不够发散。

下面这个关于曲别针的故事告诉你的不只是曲别针的用途，也不只是一种思维方法，而是一种创新方式。

在一次有许多中外学者参加的如何开发创造力的研讨会上，日本一位创造力研究专家应邀出席。

面对这些创造性思维能力很强的学者同人，风度翩翩的村上幸雄先生捧来一把曲别针（回形针），说道："请诸位朋友动一动脑筋，打破框框，看谁能说出这些曲别针的更多种用途，看谁创造性思维开发得好、多而奇特!"

片刻,一些代表踊跃回答:

"曲别针可以别相片,可以用来夹稿件、讲义。"

"纽扣掉了,可以用曲别针临时钩起……"

七嘴八舌,大约说了10多种,其中较奇特的是把曲别针磨成鱼钩,引来一阵笑声。

村上对大家在不长时间内讲出10多种曲别针用途,很是称道。

人们问:"村上您能讲多少种?"

村上一笑,伸出3个指头。

"30种?"村上摇头。

"300种?"村上点头。

人们惊异,不由得佩服他聪慧敏捷的思维,但也有人怀疑。

村上紧了紧领带,扫视了一眼台下那些透着不信任的眼睛,用幻灯片映出了曲别针的用途……这时只见中国的一位以"思维魔王"著称的怪才许国泰先生向台上递了一张纸条。"对于曲别针的用途,我能说出3000种,甚至3万种!"邻座对他侧目:"吹牛不上税,真狂!"

第二天上午11点,他"揭榜应战",走上了讲台,他拿着一支粉笔,在黑板上写了一行字:村上幸雄曲别针用途求解。原先不以为然的听众一下子被吸引过来了。

"昨天,大家和村上讲的用途可用4个字概括,这就是钩、挂、别、联。要启发思路,使思维突破这种格局,最好的办法是借助于简单的形式思维工具——信息标与信息反应场。"

他把曲别针的总体信息分解成重量、体积、长度、截面、弹性、直线、银白色等10多个要素。再把这些要素用标线连接起来,形成一根信息标。然后,再把与曲别针有关的人类实践活动要素进行分析,连成信息标,最后形成信息反应场。这时,现代思维之光,射入了这枚平常的曲别针,它马上变成了孙悟空手中神奇变幻的金箍棒。他从容地将信息反应场的坐标不停地组切交合。

通过两轴推出一系列曲别针在数学中的用途，如，曲别针分别做成 1、2、3、4、5、6、7、8、9、0，再做成 +、-、×、÷ 符号，用来进行四则运算，运算出数量，就有 1000 万、1 万万……在音乐上可创作曲谱；曲别针可做成英、俄、希腊等外文字母，用来进行拼读；曲别针可以与硫酸反应生成氢气；可以用曲别针做指南针；可以把曲别针穿起来导电；曲别针是铁元素构成的，铁与铜化合是青铜，铁与不同比例的几十种金属元素分别化合，生成的化合物则是成千上万种……实际上，曲别针的用途，几乎近于无穷！他在台上讲着，台下一片寂静，与会的人们被"思维魔王"深深地吸引着。

许国泰先生运用的方法就是发散思维法。

发散思维的概念，是美国心理学家吉尔福特在 1950 年以《创造力》为题的演讲中首先提出的，半个多世纪以来，引起了普遍重视，促进了创造性思维的研究工作。发散思维法又称求异思维、扩散思维、辐射思维等。它是一种从不同的方向、不同的途径和不同的角度去设想的展开型思考方法，是从同一来源材料、从一个思维出发点探求多种不同答案的思维过程。它能使人产生大量的创造性设想，摆脱习惯性思维的束缚，使人的思维趋于灵活多样。

发散思维要求人们的思维向四方扩散，无拘无束，海阔天空，甚至异想天开。通过思维的发散，要求打破原有的思维格局，提供新的结构、新的点子、新的思路、新的发现、新的创造，提供一切新的东西，特别是对于创造者可提供一种全新的思考方式，所以，发散思维也是一种创新思维。

许多发明创造者都是借助发散思维获得成功的。可以说，多数科学家、思想家和艺术家的一生都十分注意运用发散思维进行思考。具有发散思维的人，在观察一个事物时，往往通过联想与想象，将思路扩展开来，而不仅仅局限于事物本身，也就常常能够发现别人发现不了的事物与规律，从而实现创新。

# 为你的思维空间找一个特殊点

擅长发散思维的人往往会撇开众人常用的思路，尝试多种角度的考虑方式，从他人意想不到的"点"去开辟问题的新解法，从而实现创新。所以，在进行发散性的思维训练时，其首要因素便是要找到事物的这个"点"进行扩散。

下面这个故事就是一个巧用特殊的"点"的例子。

华若德克是美国实业界的大人物。在他未成名之前，有一次，他带领属下参加在休斯敦举行的美国商品展销会。令他十分懊丧的是，他被分配到一个极为偏僻的角落，而这个角落是绝少有人光顾的。

为他设计布置摊位的装饰工程师劝他干脆放弃这个摊位，因为在这种恶劣的地理条件下，想要成功展览几乎是不可能的。

华若德克沉思良久，觉得自己若放弃这一机会实在是太可惜了。可不可以将这个不好的地理位置通过某种方式化解，使之变成整个展销会的焦点呢？

他想到了自己创业的艰辛，想到了自己受到的展销大会组委会的排斥和冷眼，想到了摊位的偏僻，他的心里突然涌现出偏远非洲的景象，觉得自己就像非洲人一样受着不应有的歧视。他走到了自己的摊位前，心中充满感慨，灵机一动：既然你们都把我看成非洲难民，那我就打扮一回非洲难民给你们看！于是一个计划应运而生。

华若德克让设计师为他营造了一个古阿拉伯宫殿式的氛围，围绕着摊位布满了具有浓郁非洲风情的装饰物，把摊位前的那一条荒凉的大路变成了黄澄澄的沙漠。他安排雇来的人穿上非洲人的服装，并且特地雇用动物园的双峰骆驼来运输货物。此外，他还派人定做了大批气球，准备在展销会上用。

展销会开幕那天，华若德克挥了挥手，顿时展览厅里升起无数的彩色气球，气球升空不久便自行爆炸，落下无数的胶片，上面写着："当你拾起这小小的胶片时，亲爱的女士和先生，你的好运就开始了，我们衷心祝贺你。请到华若德克的摊位，接受来自遥远非洲的礼物。"

这无数的碎散洒落在热闹的人群中，于是一传十，十传百，消息越传越广，人们纷纷集聚到这个本来无人问津的摊位前。强烈的人气给华若德克带来了非常可观的生意和潜在机会，而那些黄金地段的摊位反而遭到了人们的冷落。

华若德克为自己找到了一个特殊的"点"，那就是将自己的特殊位置加以利用，赋予新的定位与含义，达到吸引顾客的目的。

发散思维是有独创性的，它表现在思维发生时的某些独到见解与方法，也就是说，对刺激做出非同寻常的反应，具有标新立异的成分。

比如设计鞋子，常规的设计思路是从鞋子的款式、用料着手，进行各种变化，但万变不离其宗。运用发散思维，则可以从鞋子的功能这一特殊的"点"入手。那么，鞋有哪些功能呢？

鞋可以"吃"。当然不是用嘴吃，而是用脚吃。即可以在鞋内加入药物，治疗各种疾病。按此思路下去，可开发出多种预防、治疗疾病的鞋子。

鞋还可以"说话"。设计一种走路的时候会响起音乐的鞋子，一定会受到小孩子的欢迎。

鞋可以"扫地"。设计一种带静电的鞋子，在家里走路的时候，可以把尘土吸到鞋底上，使房间越来越干净。

鞋还可以"指示方向"。在鞋子中安装指南针，调到所选择的方向，当方向发生偏离时，便会发出警报，这对野外考察探险的人来说，是很有用处的。

这就是通过鞋子的功能这个"点"挖掘出来的潜在创意。生活中，我们需要细心地观察，找出这个特殊的"点"，由此展开，便可以收到意想不到的效果。

美国推销奇才吉诺·鲍洛奇的一段经历也向我们证明了这一理念。

一次，一家贮藏水果的冷冻厂起火，等到人们把大火扑灭，才发现有 18 箱香蕉被火烤得有点发黄，皮上还沾满了小黑点。水果店老板便把香蕉交到鲍洛奇的手中，让他降价出售。那时，鲍洛奇的水果摊设在杜鲁茨城最繁华的街道上。

一开始，无论鲍洛奇怎样解释，都没人理会这些"丑陋的家伙"。无奈之下，鲍洛奇认真仔细地检查那些变色香蕉，发现它们不但一点没有变质，而且由于烟熏火烤，吃起来反而别有风味。

第二天，鲍洛奇一大早便开始叫卖："最新进口的阿根廷香蕉，南美风味，全城独此一家，大家快来买呀！"当摊前围拢的一大堆人都举棋不定时，鲍洛奇注意到一位年轻的小姐有点心动了。他立刻殷勤地将一只剥了皮的香蕉送到她手上，说："小姐，请你尝尝，我敢保证，你从来没有尝过这样美味的香蕉。"年轻的小姐一尝，香蕉的风味果然独特，价钱也不贵，而且鲍洛奇还一边卖一边不停地说："只有这几箱了。"于是，人们纷纷购买，18 箱香蕉很快销售一空。

从上述案例中我们可以看出，发散思维有着巨大的潜在创新能量，它通过搜索所有的可能性，激发出一个全新的创意。这个创意重在突破常规，它不怕奇思妙想，也不怕荒诞不经。沿着可能存在的点尽量向外延伸，或许，一些由常规思路出发根本办不成的事，其前景便很有可能柳暗花明、豁然开朗。所以，在你平日的生活中，多多发挥思维的能动性，让它带着你在思维的广阔天地任意驰骋，或许你会看到平日见不到的美妙风景。

# 发散思维帮你创造无穷大的空间

发散思维的要旨就是让我们学会朝四面八方想，就像旋转喷头一样，朝各个方向进行立体式的发散思考。它帮我们打开了一个创意的空间：只要我们找到一个点，穿过这个点的思维直线就可以有无穷多条，我们的思维空间就可以无穷大。

我们可以把这个点当作一个辐射源，那么，怎样从一个辐射源出发向四面八方扩散？下面有几种方法：

（1）结构发散，是以某种事物的结构为发散点，朝四面八方想，以此设想出利用该结构的各种可能性。

（2）功能发散，是以某种事物的功能为发散点，朝四面八方想，以此设想出获得该功能的各种可能性。

（3）形态发散，是以事物的形态（如颜色、形状、声音、味道、明暗等）为发散点，朝四面八方想，以此设想出利用某种形态的各种可能性。

（4）组合发散，是从某一事物出发，朝四面八方想，以此尽可能多地设想与另一事物（或一些事情）联结成具有新价值（或附加价值）的新事物的各种可能性。

（5）方法发散，是以人们解决问题的结果作为发散点，朝四面八方想，推测造成此结果的各种原因；或以某个事物发展的起因为发散点，朝四面八方想，以此推测可能发生的各种结果。

善于运用发散思维的人，常常具有别人难以比拟的"非常规"想法，能取得非同一般的解决问题的效果，这种人也往往具有别人难以企及的创新力。在生产、生活中，我们可以利用这种思维法来进行发散性的创造。若以一个产品为核心，可以发掘它的各种不同的功能，开发出各种各样的新产品，这种产品开发的空间可以无穷大。如围绕电熨斗这个产品，开发出透明蒸气电熨斗、自动关熄熨斗、自动除垢熨斗、电脑装置熨斗等。这些产品满足了生活中不同人群的不同需求。

下面这个故事也是围绕产品开发的一个典型例子，从中我们可以体会到发散思维法的应用价值。

1956 年，松下电器公司与日本另一家电器制造厂合资，设立了大孤电器公司，专门制造电风扇。当时，松下幸之助委任松下电器公司的西田千秋为总经理，自己则担任顾问。

这家公司的前身是专做电风扇的，后来又开发了民用排风扇。但即使如此，产品还是显得比较单一。西田千秋准备开发新的产品，试着探询松下的意见。松下对他说："只做风的生意就可以了。"当时松下的想法，是想让松下电器的附属公司尽可能专业化，以期有所突破。可是松下电器的电风扇制造已经做得相当卓越，完全有实力开发新的领域，而松下给西田的回答是否定的。

然而，聪明的西田并未因松下这样的回答而灰心丧气。他的思维极其灵活而机敏，他紧盯住松下问道："只要是与风有关的任何产品都可以做吗？"

松下并未仔细品味此话的真正意思，但西田所问的与自己的指示很吻合，所以他毫不犹豫地回答说："当然可以了。"

5 年之后，松下又到这家工厂视察，看到厂里正在生产暖风机，便问西田："这是电风扇吗？"

西田说："不是，但是它和风有关。电风扇是冷风，这个是暖风，你说过要我们做风的生意，难道不是吗？"

后来，西田千秋一手操办的松下精工的"风家族"，已经非常丰富了。除了电风扇、排风扇、暖风机、鼓风机之外，还有果园和茶圃的防霜用换气扇、培养香菇用的调温换气扇、家禽养殖业的棚舍调温系统等。

松下的一句"只做风的生意就可以了"被西田千秋用发散思维发挥到了极致，围绕风开发出了许许多多适合不同市场的优质产品，为松下公司创造了一个又一个的辉煌。这也体现了发散思维的神奇魅力。

依靠发散性思维进行发散性的创造，为我们提供了一种发明创造的新模式。思维发散的过程，同时也是创意发散的过程。围绕一个中心，将思维无限蔓延，最终即可产生多种创造成果，为我们的发展提供无穷大的空间。

## 第十九章　系统思维

无论从哪方面而言，综合都是一种新的力量，人类正是拥有了综合的力量，才能创造出今天多姿多彩的世界。系统思维要求我们在进行创新活动时用系统的眼光来审视复杂的整体，重新利用前人已有的创造成果进行综合，或取长补短，或整合优势。这种综合，往往能创造出前所未有的新奇效果，形成更深一层的创新。当我们确确实实学会了"统领全局"，才算真正意义上掌握了用系统思维提升创新力的智慧。

## 系统可"牵一发而动全身"

《红楼梦》中冷子兴述说荣、宁二府时，便说"贾、史、王、薛"这四大家庭互有姻亲关系，是一损俱损、一荣俱荣的，后来贾雨村依靠林如海的推荐，最终在贾政的帮助下谋得官职。

这是利用人际关系网办事的一个典型范本。一般情况下，事物间都是普遍存在关联性的，在系统思维的指导下，我们可以利用事物间的关联性分析问题、解决问题。

现在，不只人与人之间的关系是互有联系的网状结构，几乎任何事物都可以找到与其他事物的关联处。

炒股的朋友都知道，股票的价格是受多方面因素影响的：国家政治格局、经济政策、企业发展、能源占有等。而这些因素之间也存在着或多或少的联系，某一方面出现的一点点变动，也许就可以影响甚至决定大盘的走向。所以，在投资时，股民就可以利用这些因素与股价的关联性进行判断，进而做出"买进"或"卖出"的决定。

我们知道了系统有这种关联性，有"牵一发而动全身"的效果，那我们可适当牵好系统这根"发"，让事情朝着我们所希望的方向发展。

下面这个小故事中的老农就利用上下楼层之间的关联性制服了贪婪的地主。

老农向一位地主借了 100 枚金币。他请来几位朋友与家人一起辛辛苦苦地盖了一座两层楼房。

老农还没搬进新楼房，地主就企图把楼上那一层弄过来自己住，算是老农拿房子抵债。他对老农说："请把二层让给我住，我借给你的那 100 枚金币就算是抵消了。不然，请你马上还我钱。"

老农听了地主的话，显出很不情愿的样子，说道："地主老爷，我一时半会儿还不了您的钱，就照您的意思办吧！"

第二天，地主全家喜气洋洋地搬进了新房子的二楼。过了数日，老农请来几位朋友和邻居，大家一齐动手拆起一层的房子来。地主听见楼下有声音，跑下来一看，吃惊地叫道："你疯了吗，为什么要拆新盖的房子？"

"这不关你的事，你在家里睡你的觉吧！"老农一边拆墙一边若无其事地说。

"怎么不关我的事呢？我住在二楼，你拆了一楼，二楼不就塌下来了吗？"地主急得直跺脚。

"我拆的是我住的那一层，又没拆你住的那一层，这与你没什么关系，请你好好看住你那一层，可别让它塌下来压伤了我和我的朋友。"老农说完，又高高地抡起了铁锹。

"请看在我们多年交情的分儿上，我们好好商量商量，请把你的那一层也卖给我好吗?"地主无奈,只好放软口气。

"如果你真心实意想买,就请你给我200枚金币。"老农说道。

"你……你……"地主气得说不出话来。

"地主老爷,你不要吞吞吐吐,200枚金币少一个子儿我也不卖,我是拆定了。"说着,老农又高高地举起了铁锹。

"别拆,别拆!我买,我买还不行吗!"地主只好拿出200枚金币买下了这所房子。

老农的聪明之处就是利用房子之间具有关联性,却向地主装糊涂,强调一层的独立性。

系统思维法充分利用了事物间的关联性,在既看到"树木"的同时,又能够看到"森林",而且诸多要素之间是"牵一发而动全身"的关系,所以说,用好这种关系,我们就可能创造性地解决问题。

在创新活动中,我们也要学会从整体上把握事物。当我们学会"牵一发而动全身"的系统思维方法,我们才能掌握系统创新的智慧,才能通过系统思维提升我们的创新力。

## 要学会"统领全局"

要运用好系统思维,就要学会"统领全局",也就是要学会从全局整体把握事物及其进展情况,重视部分与整体的联系,才能很好地从整体上把握事物。

第二次世界大战期间,在伦敦英美后勤司令部的墙上,醒目地写着一首古老的歌谣:

因为一枚铁钉,毁了一只马掌;

因为一只马掌,损了一匹战马;

因为一匹战马，失去一位骑手；

因为一位骑手，输了一次战斗；

因为一次战斗，丢掉一场战役；

因为一场战役，亡了一个帝国。

这一切，全都是因为一枚马蹄铁钉引起的。

这首歌谣质朴而形象地说明了整体的重要性，精确地点出了要素与系统、部分与整体的关系。

世界上任何事物都可以看成是一个系统，系统是普遍存在的。大至浩渺的宇宙，小至微观的原子，一粒种子、一群蜜蜂、一台机器、一个工厂、一个学会团体……都是系统，整个世界就是系统的集合。

系统论的基本思想方法告诉我们，当我们面对一个问题时，必须将问题当作一个系统，从整体出发看待问题，分析系统的内部关联，研究系统、要素、环境三者的相互关系和变动的规律性。

有一年，稻田里一片金黄，稻浪随风起伏，一派丰收景象。令人奇怪的是，就在这片稻浪中，有一块地的水稻稀稀落落、黄矮瘦小，与大片齐刷刷的稻田形成了鲜明的对照。

这是怎么回事呢？原来田地的主人急用钱，于是在这块面积为25亩的田块上挖去一尺深的表土，卖给了砖瓦厂，得了10000元。由于表面熟土被挖，有机质含量锐减，这年春上的麦苗长得像锈钉，夏熟麦子收成每亩还不到150斤。水稻栽上后，尽管下足了基肥，施足了化肥，可是水稻长势仍不见好。

有人给他算了一笔账，夏熟麦子少收1000多斤，损失400元，而秋熟大减产已成定局，损失更大。今后即使加倍施用有机肥，要想使这块地恢复元气，至少需要5年时间，经济损失至少在2万元以上。这么一算，这块农田的主人叫苦不迭，后悔地说："早知道这样，当初真不应该赚这块良田的黑心钱。"

这位农地主人原本只是用土换钱，并没有看到表土与庄稼之间的关系，本以为是将无用的东西换成金钱，结果却让他失去更多，需要花费更多的钱来弥补自己的损失。这就是缺乏系统眼光和系统思维的结果。

与之相比，"红崖天书"的破译却是得益于统领全局、把握整体。

所谓"红崖天书"，是位于贵州省安顺地区一处崖壁上的古代碑文：在长 10 米、高 6 米的岩石上，有一片用铁红色颜料书写的奇怪文字，文体大小不一，大者如人，小者如斗，非凿非刻，似篆非篆，神秘莫测。因此，当地的老百姓称之为"红崖天书"。近百年来，"红崖天书"引起了众多中外学者的研究兴趣，甚至有人推测这是外星人的杰作。据说，郭沫若等著名的学者也曾经尝试破译，但一直没有定论。

直到上海江南造船集团的高级工程师林国恩发布了对"红崖天书"的全新诠释，学术界才一致认为，这一"千古之谜"终于揭开了它的神秘面纱。

那么，非科班出身的林国恩是如何破译这个"千古之谜"的呢？林国恩于 1990 年了解"红崖天书"以后，对它产生了浓厚的兴趣，从此把他的全部业余时间放到了破译工作上。他家祖传三代中医，自幼即背诵古文，熟读四书五经。他于 1965 年考入上海交通大学学习造船专业，但他业余时间仍坚持钻研文史、学习绘画。由于他是造船工程师，系统学习对他有很深的影响，使他掌握了综合看待问题的方法，这为他破译"红崖天书"打下了坚实的基础。

在长达 9 年的研究中，他综合考察了各个因素，查阅了 7 部字典，把"红崖天书"中 50 多个字，从古到今的演变过程查得清清楚楚。在此基础上，他做了数万字的笔记，写下了几十万字的心得，还 3 次去贵州实地考察，为破译"红崖天书"积累了丰富的资料。

经过系统综合的考证，林国恩确认了清代瞿鸿锡摹本为真迹摹本；文字为汉字系统；全书应自右向左直排阅读；全书图文并茂，一字一图，局部如此，整体亦如此。从内容分析，"红崖天书"成书约在 1406 年，是明朝初年建文皇帝所颁发的一道讨伐燕王朱棣篡位的"伐燕诏檄"。全文直译为：燕反之心，迫朕逊国。叛逆残忍，金川门破。杀戮尸横，罄竹难书，大明日月无光，成囚杀之地。须降伏燕魔，作阶下囚。

我们可以设想，如果不能将这些文字与其历史背景、文字结构、图像寓意结合起来，不能将它们作为一个整体去考察、把握，恐怕"红崖天书"到现在也只是一个谜。

由此我们可知：问题的内部不仅存在关联，与外部环境也同样产生作用。我们必须将其分开进行观察，然后再将其按照系统的模式来进行分析。

当我们学会了系统思维，学会了统领全局，能够以一个整体的眼光去看问题的时候，相信在今后的创新活动中我们就可以更容易地把握和处理问题了。

## 第二十章　联想思维

### 联想思维可以产生穿越时空的创意

联想思维是指人们在头脑中将一种事物的形象与另一种事物的形象联系起来，探索它们之间共同的或类似的规律，从而解决问题的思维方法。由于世上万物都不是孤立存在的，在空间上或时间上总是保持着一定的联系，联想思维总能让人根据事物在时空上彼此接近进行联想，使我们的思绪穿越时空、纵横千里。灵活运用联想思维，常常能打开我们思路，使我们产生穿越时空的创意。

相传古时有一位皇帝曾以"深山藏古寺"为题，招集天下画匠作画。最后选了3幅画。第一幅画是在万木丛中显露出古寺一角；第二幅画是在景色秀丽的半山腰伸出了一根幡；第三幅画只见一个老和尚从山下溪边挑水，沿着山路缓缓而上，而远处只见一片山林，根本无从寻觅寺庙踪迹。

皇帝找大臣合议后，最终选了第三幅画。为什么要选第三幅画呢？因为"深山藏古寺"的画题虽然看似简单，但包含一个"深"和一个"藏"字，这就需要画家去思考，看如何将这两个意思体现出来。第一幅画太露，"万木丛中显露出古寺一角"，体现不出"深""藏"的意思；第二幅似乎好一些，但一根幡仍然点明此处是一座庙宇，只不过被树丛包围，一下子看不到其全貌而已，仍然达不到"深""藏"的要求；第三幅画，以老和尚挑水，体现老和尚来自"古寺"，而老和尚所要归去之处，即寺庙"只在此山中，云深不知处"，足以见此"古寺"藏在深山中。看到此画的人莫不惊叹作者巧妙的构思和奇特的想象，而这幅画也当之无愧地独占鳌头。

这个故事能给我们什么启发呢？最大的启发是第三幅画的作者在构思这幅画时运用了丰富的联想，使人从"和尚"自然联想到"寺庙"；从"老和尚"再进一步联想到这座寺庙年代已经很久远了，是座"古寺"；从老和尚挑水沿着山路缓缓而上，而远处只见一片山林不见寺庙，联想到这座"古寺"被深深地藏在山中。

正因为该画的作者运用了意味无穷的联想思维，让我们的想象能跨越时空的限制，才使见到此画的人为其巧妙的构思和画的意境所折服。

由此可见，联想的妙处就在于它可使我们从一而知三。运用联想思维，由"速度"这个概念，我们的头脑中会闪现出呼啸而过的飞机、奔驰的列车、自由落体的重物等。

联想是心理活动的基本形式之一。联想与一般的自由想象不同，它是由表象概念之间的联系而达到想象的。因此，联想的过程有逻辑的必然性。

相传古时有人经营了一家旅馆，由于经营不善，濒临倒闭。正好碰上阿凡提经过这里，就向旅馆老板献策：将旅馆周围进行重新装饰。到了夏日，将墙面涂成绿色；到了冬日，再将墙面饰成粉红色。旅馆老板按阿凡提所说的做了之后，果然很是吸引顾客，生意渐渐兴隆起来。其中的奥秘在哪儿呢？

原来，阿凡提运用的是人们的联想思维，让一种感觉引起另一种感觉。这种心理现象实际上是感觉相互作用的结果。

上述事例就是通过改变颜色，使不同颜色产生不同的心理效果，从而起到吸引顾客的作用。一般认为绿色、青色和蓝色等颜色能使人联想到蓝天和大海，使人产生清凉的感觉，这些颜色称为冷色；而红色、橙色和黄色等颜色能使人联想到阳光和火焰而产生温暖的感觉，这些颜色称为暖色。

联想是创意产生的基础，它在创意设计中起催化剂和导火索的作用。联想越广阔、越丰富，就越富有创造能力。许多的发明创造就是在联想思维的作用下产生的。

春秋时期有一位能工巧匠鲁班，有一次他上山伐木时，手被路旁的一株野草划破，鲜血直流。

为什么野草能划破皮肉呢？他仔细观察了那株野草之后，发现其叶片的两边长有许多小细齿。他想，如果用铁条做成带小齿的工具，是否也可将树划破呢？

依着这个思路往下走，锯子被发明出来了。

鲁班由草叶上的小细齿联想到砍伐工具，为建筑工程提供了便利。无独有偶，小提琴的产生也源于一个人的联想思维。

1000 多年前，埃及有位音乐家名叫莫可里，那是一个盛夏的早晨，他在尼罗河边悠闲地散步。偶然间，他的脚踢到一个什么东西，发出一声悦耳的声响。他拾起来一看，原来是一个乌龟壳。莫可里拿着乌龟壳兴冲冲地回到家里，再三端详，反复思索，不断试验，终于根据龟壳内空气振动而发声的原理，制出了世界上第一把小提琴。莫可里从乌龟壳发出的声音联想到了乐器。正是由于联想思维的运用，从而造就了当今世界上无数人为之陶醉与享受的西洋名乐产品。

如果不运用联想思维，是很难从草叶、乌龟壳中产生灵感创造出锯子和小提琴的。但是，联想思维能力不是天生的，它需要以知识和生活经验、工作经验为基础，基础打好了，就能"厚积而薄发"，联想也随之"思如泉涌"。

# 连锁联想是扣紧创新的套环

连锁联想是联想思维的一种方式，连锁联想是扣紧创新的套环，比较典型的连锁联想例子就是："如果大风吹起来，木桶店就会赚钱。"这两者是怎么联系起来的呢？

原来它经历了下面的思维过程：当大风吹起来的时候，沙石就会满天飞舞，这会导致瞎子的增加，从而琵琶师父也会增多，越来越多的人会以猫的毛代替琵琶弦，因而猫会减少，结果老鼠的数量就会大大增加。由于老鼠会咬破木桶，所以做木桶的店就会赚钱了。

上面的每个联想都十分合理，而获得的结论大大出乎人们的意料。

由风想到沙石，又联想到致瞎，再联想到琵琶师父，之后联想到猫毛，再联想到老鼠猖獗，继而联想到老鼠咬破木桶，最后联想到木桶店赚钱。这样一环紧扣一环，如一条连接着许多环节的锁链般的联想，我们称之为连锁联想。

连锁联想法在生活中有许多应用实例，它可以让人们通过联想进行创新，"天厨味精"的命名过程就体现了这种方法的智慧。

吴蕴初，江苏嘉定人，是我国著名的"味精大王"。当年，在为其出产的味精命名时，他颇费了一番脑筋。

在此之前，中国不能生产"味精"，占领中国市场的是日本的"味之素"。吴蕴初不想用这个名，那又取个什么名字好呢？

人们把最香的东西叫香精，把最甜的东西叫糖精，那把味道最鲜的东西就叫味精吧。他接着又想，生产的味精该叫什么牌子呢？他由味精是植物蛋白质制成的，是素的东西，联想到吃素的人；由吃素的人，联想到他们一般都信佛；佛住在天上，为佛制作珍奇美味的厨师自然是最好的，于是他决定将他的味精取名为"天厨味精"。

天厨牌味精问世后，通过声势浩大的广告宣传，以及后来正好适应国人抵制日货的反日情绪，"完全国货"的天厨味精，不久便打开了国内市场。

天厨味精由此声名鹊起。

发明创造也是一个链条，运用"连锁联想"取得的发明成果也是一串一串的，从中我们也可以看到联想的方法和诀窍。

1493年，哥伦布在美洲的海地岛发现当地儿童都喜欢把天然生橡胶像捏泥丸一样将它捏成一团，捏成弹力球。哥伦布将这种树木引入了欧洲。但是，这种生橡胶的性能不太好，受热易变形、发黏，受冷又易发脆。因此，它的功能受到了局限。后来美国的一个发明家在橡胶里加入了硫黄，这使橡胶的熔点、牢固度大大增强。后来又有人在橡胶中加入了炭黑，使之更加耐磨，橡胶的用途也日益增加。

苏格兰有一家用橡胶生产橡皮擦的工厂。一天，一名叫马辛托斯的工人端起一大盆橡胶汁往模型里倒，一不小心，脚被绊了一下，橡胶汁洒了出来，浇到了马辛托斯的衣服上。下班后，马辛托斯穿着这件被橡胶汁涂满了一大块的衣服回家，正巧路上遇到了大雨。回家换衣服时，马辛托斯惊奇地发现，被橡胶汁浇过的地方，竟没有渗入一点儿雨水。善于联想的马辛托斯立即想到，如果把衣服全部浇上橡胶汁，那不就变成了一件防雨衣吗？雨衣也就应运而生了。

由于天然橡胶产量有限，人们又通过对橡胶成分的研究，生产出了各种各样的合成橡胶，这种橡胶为高分子合成，它具有耐腐耐磨、耐高温、耐氧化等特点。通过人们的不断努力，橡胶终于从孩子手中的弹力球发展成一种具有广泛用途的高分子材料。目前，全球橡胶制品在5万种以上，一个国家的橡胶消耗量和生产水平，成了衡量国民经济发展，特别是化工技术水平的重要指标之一。

由弹力球到雨衣，再到车轮胎、鞋子等，人们的联想一环套一环，犹如步步登高，把人们引入更高的创新境界，这就是连锁联想法的奇妙之处。

千变万化的客观事物，正是由于组成了环环紧扣的彼此制约相互牵制的锁链，才使世界保持了相对的平衡与和谐。这也是我们进行连锁联想的一个前提依据。恰当地应用这种方法，我们不但可以提高创新力，而且还可以促进更多创造性事物的产生。

# 第二十一章 形象思维

## 活用想象，探索新知

形象思维常常借助丰富的想象来完成脑中新形象的创造，所以，我们要经常开展丰富生动的想象活动，充分发挥想象力，通过丰富多彩的想象来提升自己的创新力。

展开想象、活用想象不仅可以培养我们的形象思维，而且还可以探索新知。

想象不仅能帮助人们扬弃事物的次要方面，而且能帮助人们抓住事物的重要本质特征，并在大脑中把这些特征组合成整体形象，从而探索到新的知识。知识创新需要有卓越的想象，与计算机相比，想象力是人脑的优势。在逻辑难以推导出新知识、新发明的地方，想象能以超常规形式为我们提供全新的目标形象，从而为揭示事物的本质特征提供重要思路或有益线索，为我们开拓出全新的思维天地。

想象作为形象思维的一种基本方法，不仅能构想出未曾知觉过的形象，而且还能创造出未曾存在的事物形象，因此是任何探索活动都不可缺乏的基本要素。没有想象，一般思维就难以升华为创新思维，也就不可能做出创新。

DNA 双螺旋结构的发现，是近代科学的最伟大成就之一。由于

DNA 是生物高分子，普通光学显微镜无法看到它的结构。在 1945 年，英国生物学家威尔金斯首先使用 X 光衍射技术拍摄到世界上第一张 DNA 结构照片，但很不清晰，照片上看到的是一片云状的斑斑点点，有点像是螺旋形，但不能断定。1951 年春，英国剑桥大学的另一位生物学家克里克利用 X 光射线拍摄到了清晰的蛋白质照片，这是一个重大的突破。美国一位年轻的生物学博士沃森当时正在做有关 DNA 如何影响遗传的实验，听到这一消息便来到克里克的实验室和克里克一起研究 DNA 结构。

这年 5 月，沃森在一次学术会议上见到威尔金斯，威尔金斯提出了 DNA 可能是螺旋形结构的猜想。回到剑桥大学后，沃森便和克里克一起仔细研究那张 DNA 照片。沃森想，DNA 的结构形状会不会是双螺旋的，就像一个扶梯，旋转而上，两边各有一个扶手？他便与克里克用 X 光衍射技术反复对多种病毒的 DNA 进行照相，并进行多次模拟实验。最后他们终于发现 DNA 的基本成分必须以一定的配对关系来结合的结构规律，从而揭示出 DNA 的分子式是"双螺旋结构"。1953 年 4 月，他们有关 DNA 结构的论文发表在英国《自然》杂志上。这篇论文只有 1000 多字，其分量却足以和达尔文的《物种起源》相比。

DNA 结构的发现，为解开一切生物（包括人类自身）的遗传和变异之谜带来了希望。1962 年，沃森、克里克和威尔金斯三人因 DNA 结构的发现而共获诺贝尔医学奖。

从 DNA 结构的发现过程中我们可以看出，想象在科学创新过程中起了决定性作用。

运用想象探索新知识，首先要善于提出新假说。创造性想象对于提出科学假说具有重要作用。恩格斯说："只要自然科学在思维着，它的发展形式就是假说。"科学知识的一般形成法则可以表达为一个公式：问题—假说—规律（理论）。即，最初总是从发现问题开始的。然后，根据观察实验得来的事实材料提出科学的假说，假说经过实践检验得到确证以后，就上升为规律或者理论。

所以，知识可以使我们明察现在，而丰富的想象则可以使我们拥有开拓未来、探索新知识的能力。想象能开阔我们的视野，使我们洞察到前所未有的新天地。想象是直觉的延伸与深化，卓越的想象有助于人们揭示未知事物的本质，从而提高我们的创新力。

# 挖掘右脑潜能

大脑的左、右两个半球分别称为左脑和右脑。它们表面有一层约3毫米厚的大脑皮质或大脑皮层。两个半球在中间部位相接。美国神经生理学家斯佩里发现了人的左脑、右脑具有不同的功能。右脑主要负责直感和创新力，或者称为司管形象思维、判定方位等；左脑主要负责语言和计算能力，或称为司管逻辑思维。一般认为，左脑是优势半球，而右脑功能普遍得不到充分发挥。

从创新思维的角度来说，开发右脑功能的意义是十分重大的。因为右脑活跃起来有助于打破各种各样的思维定式，提高想象力和形象思维能力。近年来，不少人对锻炼、开拓右脑功能产生浓厚兴趣。提倡开拓右脑，正是为了求得左、右脑平衡、沟通和互补，以期最大限度地提高人脑的效率。两个大脑半球的活动更趋协调后，将进一步提高人的智力和创新力。

能促进右脑功能发展的活动有许多，现讲述以下8点：

（1）画知识树，在学习活动中经常把知识点、知识的层次、方面和系统及其整体结构用图表、知识树或知识图的形式表达出来，有助于建构整体知识结构，对大脑右半球机能发展有益。

（2）培养绘画意识，经常欣赏美术图画，还要动手绘画，有助于大脑右半球功能的开发。

（3）发展空间认识，每到一地或外出旅游，都要明确方位，分清东西南北，了解地形地貌或建筑特色，培养空间认识能力。

（4）练习模式识别能力，在认识人和各种事物时，要观察其特征，将特征与整体轮廓相结合，形成独特的模式加以识别和记忆。

（5）冥想训练，经常用美好愉快的形象进行想象，如回忆愉快的往事，遐想美好的未来。想象时形象鲜明、生动，不仅使人产生良好的心理状态，还有助于右脑潜能的发挥。

（6）音乐训练，经常欣赏音乐或弹唱，增强音乐鉴赏能力，能促进大脑右半球功能的发展。

（7）在日常生活中尽可能多地使用身体的左侧。身体左侧多活动，右侧大脑就会发达。右侧大脑的功能增强，人的灵感、想象力就会增加。比如在使用小刀和剪子的时候总用左手，拍照时用左眼，打电话时用左耳。

日本人创造设计出一种可增强功能的"左侧体操"。它的依据是，左右侧的活动与发展通常是不平衡的，往往右侧活动多于左侧活动，因此有必要加强左侧体操活动，以促进右脑功能。据介绍，该左侧体操确能在较短时期内对右脑起到锻炼作用。

（8）见缝插针练左手。如果每天要在汽车上度过较长时间，可利用它锻炼身体左侧。如用左手指钩住车把手，或手扶把手，让左脚单脚支撑站立。习惯于将钱放在自己衣服的左口袋，上车后以左手取钱买票。

①在左手食指和中指上套上一根橡皮筋，使之成为"8"字形，然后用拇指把橡皮筋移套到无名指上，仍使之保持"8"字形。以此类推，再将橡皮筋套到小指上，如此反复多次，可有效地刺激右脑。

②手指刺激法。苏联著名教育家苏霍姆林斯基说，手使脑得到发展，使它更加聪明。他又说："儿童的智慧在手指头上。"许多人让儿童从小练习用左手弹琴、打字、珠算等，这样双手的协调运动，会把大脑皮层中相应的神经细胞的活力激发起来。

③环球刺激法。尽量活动手指，促进右脑功能，是这类方法的目的。例如，每捏一次健身环需要 1015 公斤握力，五指捏握时，又能促进对手掌各穴位的刺激、按摩，使脑部供血通畅。特别是左手捏握，对右脑起激发作用。有人数年坚持"随身带个圈（健身圈），有空就捏转；家中备副球，活动左右手"，确有健脑益智之效。此外，多用左、右手掌转捏核桃，作用也一样。

此外，开拓右脑的方法还有：非语言活动、跳舞、美术、种植花草、手工技艺、烹调、缝纫等。既利用左脑，又运用了右脑。如每天练半小时以上的健身操，打乒乓球、羽毛球等，特别需要让左手、左腿多活动，这类活动是"自外而内"地作用于大脑的。

## 抓拍流动的影像

形象思维是许多创新人士成功的秘密，也是各行各业高效能表现的秘诀。你可以试试以下几种想象游戏，去开发自己的创新天分。

请准备一个红苹果、一个橘子、一颗绿色的无花果、几颗红葡萄和一把蓝莓。把这些水果放在你面前的桌上，静静坐一会儿，让自己随着呼吸的起伏放松。接着，请你仔细观看苹果，用大约 30 秒的时间，研究苹果的形状和色泽。现在请你闭上眼睛，试着在心中重现苹果的形象。用同样的方式，轮流研究每一种水果。接着再重复练习一次，但这一次观察时请把水果握在手里。闻闻苹果的香味，并咬一口，把全部的注意力放在这个苹果的味道、香味和口感上，在你吞咽下这口苹果时，闭上眼，尽情享受被引发的多重感官经验。请你继续用同样的方式，品尝上述的每一种水果，在你心灵的眼睛里，想象每一种水果的形象。接着再用你的想象力，创造出每种水果的实际形象，再放大100倍。再把水果缩回原来的大小，再想象自己从不同的角度看水果。这个有趣的练习，能帮助你强化创意想象的逼真度与弹性。

著有《爱因斯坦成功要素》的闻杰博士提出了一种通过提高想象力而提升创新力的"影像流动法"。影像流动其实非常简单，是刺激右半脑和接触内在天才特质的好方法。

（1）先找个舒服的地方坐下来，"大吐几口气"，用轻松的吐气帮助自己放松。轻轻闭上双眼，再把心中流过的影像大声说出来。

（2）大声形容流过心中的影像，最好是说给另一个人听，或是用录音机录下来。低声的叙述无法造成应有的效应。

（3）用多重感官经验丰富你的形容，五感并用。例如，如果沙滩的影像出现，别忘了描述海沙的质感、味道、口感、声音和外形。当然，形容沙滩的口感听起来很奇怪，但别忘了，这个练习可让你像最有想象力的人物一样思考。

（4）用"现在式"时态去描述影像，更具有引出灵活想象力的效果，所以在你形容一连串流过的影像时，要形容得仿佛影像"现在"正在发生。

做这个练习时，不需要主题，只要把影像流动当作是漫游于想象与合并式思考中、不拘形式而流畅的奇遇。影像流动练习通常无须意识的指示，自行找到前进的动力，表达各种主题。你也可以用这个方法向自己提出某个问题，或是深入探讨某一个特定的主题。

相信，用好"影像流动法"、用好形象思维，我们一定可以在生动活泼的想象中提升自己的创新力。

# 第二十二章　类比思维

## 类比是创新领域的引路者

类比思维法就是根据两个对象在一系列属性上的相同或相似，由其中一个对象具有某种其他属性，推测另一个对象也具有这种其他属性的思维方法。由这种方法所得出的结论，虽然不一定可靠、精确，但富有创造性，往往能将人们带入完全陌生的领域，给予人们许多启发。所以说，类比是创新领域的引路者。

类比思维在创新和解决问题时，具有很大的指引作用，得到了科学家、思想家们的高度评价。

天文学家开普勒说："类比是我最可靠的老师。"

哲学家康德说："每当理智缺乏可靠论证的思路时，类比这个方法往往能指引我们前进。"

现代社会，随着日常创造的增加，类比的作用尤其得到重视。如日本学者大鹿·让认为："创造联想的心理机制首先是类比……即使人们已经了解到了创造的心理过程，也不可从外面进入类似的心理状态……因此，为了给创造活动创造一个良好的心理状态，得采用一个特殊的方法，就是使用类比。"

瑞士著名的科学家阿·皮卡尔就运用类比发明法创造了世界上第

一只自由行动的深潜器。

皮卡尔是一位研究大气平流层的专家，他设计的平流层气球，曾飞到过 15690 米的高空。后来他又把兴趣转到了海洋，研究海洋深潜器。尽管海和天完全不同，但水和空气都是流体，因此，皮卡尔在研究海洋深潜器时，首先就想到利用平流层气球的原理来改进深潜器。

在这以前的深潜器，既不能自行浮出水面，又不能在海底自由行动，而且还要靠钢缆吊入水中。这样，潜水深度将受钢缆强度的限制，钢缆越长，自身重量就越大，也就越容易断裂，所以过去的深潜器一直无法突破 2000 米大关。

皮卡尔由平流层气球联想到海洋深潜器。平流层气球由两部分组成：充满比空气轻的气体的气球和吊在气球下面的载人舱。利用气球的浮力，可以使载人舱升上高空。如果在深潜器上加一只浮筒，不也能像一只"气球"一样可以在海水中自行上浮了吗？

皮卡尔和他的儿子小皮卡尔设计了一只由钢制潜水球和外形像船一样的浮筒组成的深潜器，在浮筒中充满比海水轻的汽油，为深潜器增加浮力；同时，又在潜水球中放入铁砂作为压舱物，使深潜器沉入海底。如果深潜器要浮上来，只要将压舱的铁砂抛入海中，就可借助浮筒的浮力升至海上；再配上动力，深潜器就可以在任何深度的海洋中自由行动，这样就不需要拖上一根钢缆了。第一次试验，就下潜到 1380 米深的海底，后来又下潜到 4042 米深的海底。皮卡尔父子设计的另一艘深潜器"理雅斯特号"下潜到世界上最深的洋底——10916.8 米，成为世界上潜得最深的深潜器，皮卡尔父子也因此获得了"上天入海的科学家"的美名。

类比思维法在运用时就要寻找事物的相似点，并且要对"相似性"保持敏感，以达到触类旁通的目的。

医生常用的听诊器的发明就源于类比思维的运用。

一个星期天，法国著名医生雷内克瓦带着女儿到公园玩。女儿要求爸爸跟她玩跷跷板，他答应了。玩了一会儿，医生觉得有点累，就将半边脸贴在跷跷板的一端，假装睡着了。女儿见父亲的样子，觉得十分开心。突然，医生听到一声清脆的响声，睁眼一看，原来是女儿用小木棒在敲跷跷板的另一端。这一现象，立即使医生联想到自己在医疗中遇到的一个问题：当时医生听诊，采用的方式是将耳朵直接贴在患者有病的部位，既不方便也不科学。

医生想：既然敲跷跷板的一端，另一端就能清晰听到，那么，是不是也可以通过某样东西，使病人身体某个部位的声响让医生能够清楚地听见呢？

雷内克瓦用硬纸卷了一个长喇叭筒，大的一头靠在病人胸口，小的一端塞在自己耳朵里，结果听到的心音十分清楚。世界上的第一个听诊器就这样产生了。后来，他又用木料代替硬纸做成了单耳式的木制听诊器，后人又在此基础上研制了现代广泛应用的双耳听诊器。

类比思维法是解决陌生问题的一种常用策略，它能带领我们走进一片创新领域，教我们运用已有的知识、经验将陌生的、不熟悉的问题与已经解决的熟悉问题或其他相似事物进行类比，从而解决问题。掌握类比思维，我们就多了一种提升创新力的思维武器。

## 寻找直接相似点

寻找直接相似点是直接类比的主要内容。直接类比是从自然界或已有的发明成果中，寻找与发明对象相类似的东西，通过直接类比创造新的事物。

如谷物的扬场机是直接类比人工扬场方式而得来的；医学上用于叩击病人的腹部来诊断是否有腹水的"叩诊法"，是直接类比酒店里的叩击酒桶发出的声音来判断量的多少而得来的。

运用直接类比法进行的发明创造还有：

石头刃：石刀、石斧。

鱼骨：针。

茅草边：齿锯。

鸟飞：飞机。

照片：电影。

鱼：潜水艇。

蛋：薄壳仿蛋屋顶。

大规模集成电路技术：微型计算机。

收音机、录音机：收录机。

树叶的结构：伞。

梳子垫在剪子下剪头发：安全剃须刀。

生活中，人们可以使自己有意识地进行类比。当要创造某一事物而又思路枯竭的时候，就可通过类比法，从自然界或人工物品中，直接寻找与创造对象、目的类似的对应物，这样便可以减少凭空想象的缺点。

美国有个叫杰福斯的牧童，他的工作是每天把羊群赶到牧场，并监视羊群不越过牧场的铁丝栅栏到相邻的菜园里吃菜就行了。

有一天，小杰福斯在牧场上不知不觉睡着了。不知过了多久，他被一阵怒骂声惊醒了。只见老板怒目圆睁，大声吼道："你这个没用的东西，菜园被羊群搅得一塌糊涂，你还在这里睡大觉！"

小杰福斯吓得面如土色，不敢回话。

这件事发生后，机灵的小杰福斯就想，怎样才能使羊群不再越过铁丝栅栏呢？他发现，那片有玫瑰花的地方，并没有更牢固的栅栏，但羊群从不过去，因为羊群怕玫瑰花的刺。"有了，"小杰福斯高兴地跳了起来，"如果在铁丝上加上一些刺，就可以挡住羊群了。"

于是，他先将铁丝剪成 5 厘米左右的小段，然后把它接在铁丝上当刺。接好之后，他再放羊的时候，发现羊群起初也试图越过铁丝网去菜园，但每次被刺疼后，都惊恐地缩了回来，被多次刺疼之后，羊群再也不敢越过栅栏了。

小杰福斯成功了。

半年后，他申请了这项专利，并获批准。后来，这种带刺的铁丝网便风行世界。

直接类比法是类比思维中最常运用的一种方法，也是一种比较简单的方法，但起到的创造性作用很大，在各个领域均有应用。

所以，在提升创新力的思维活动中，我们应该多尝试直接类比法。

# 第六篇

# 有效创新的四大路径

# 第二十三章　机会藏于细节

## 从细处找突破口

很多人想办法解决问题时，总喜欢从大处着眼，这却往往不是最佳途径。有时，从小处着手却能起到事半功倍的效果，让你马上得到快捷有效的方案。

管理大师彼得·德鲁克说："行之有效的创新在一开始可能并不起眼。"而这不起眼的细节，往往就会引发创新的灵感，从而让一件简单的事物有了一次超常规的突破。

自新任老板长川上任以后，常磐百货公司营业额每年翻一番，其经营物品几乎包揽了全县所有人的日常生活用品和食品。

长川成功的秘诀是什么呢？

原来他刚刚到常磐百货公司上任时，公司只是一个很普通的生活用品商场，和他们公司同样大小的百货公司县城还有 5 家。怎样才能在竞争中尽快地出效益呢？

如今人们买东西常集中采购，为防止丢三落四，先写一个购物清单。有一次，长川看见一位女顾客买完一件东西要走时，把一个纸条扔到商场门口的纸篓里，他马上跑过去捡起来，发现上面写了顾客需要的另两种东西，他们商场里也有，只是质量不如顾客点名要的品牌好。他根据这一信息，更换了该商品的品牌，果然收到了很好的效果。于是长川经理开始每天把废纸篓里的纸条全部捡回去，仔细研究顾客的需要。很快，他就知道了顾客对哪几类商品感兴趣，尤其青睐哪几种牌子，对某类商品的需要集中在什么季节，顾客在挑选商品时是如何进行合理搭配的，等等。在长川经理的带动下，常磐百货公司总是以最快的反应速度适应顾客，并且合理地引领顾客超前消费，一下子把顾客全部拉进了他们的店里。

问题的突破口常常潜藏在一个微不足道的细节中，即使废纸篓里的一些废纸条，也可能成为解决问题的关键。善于发现细节，你就能抓住更多的突破口，多角度、多渠道地解决好问题。

现在，让我们做一个设想吧：你是一家企业的客户，而不是一名员工，你希望这个企业怎样做才能满足你的需求呢？如果这个企业提供的服务让你感受到温馨和快乐，你不曾想到的它却做到了，你会不会成为这家企业的忠实客户呢？答案一定是肯定的。新加坡的一家酒店就是按照这个标准去对待客户，去满足客户说不出来的需求，从细处找突破口，为他们赢得了不少"回头客"。

一天，一个香港商人风尘仆仆地走出机场，下榻一家新加坡酒店。这家酒店他3年前住过，感觉服务还不错，于是又选了它作为住处。

当他亮出护照登记时，服务台小姐礼貌地问他："请问先生还住原来的626号房间吗？"商人心里一惊，随之又很高兴，626号房间是他3年前的住处，这家酒店竟还记得。

商人来到626号房间，发现一切与3年前的装饰一样，照例先沐浴，再稍事休息。当他打开衣柜取出睡衣时，眼前一亮，原来睡衣左胸绣上了他的名字，因为是金线绣的，所以特别醒目。

他从洗手间走出，到沙发上坐下，抽出一支烟，随手从茶几上拿起火柴，无意中发现自己的名字又被印在了火柴盒上，而且是烫金的，不由得又是一阵惊喜。

他走南闯北，到过世界各地许多五星级饭店，这样高档次的礼遇还是平生首次享受到。他把火柴盒前后左右仔细端详了几遍，烫金工艺相当精巧，于是情不自禁地赞叹道：

"真难为了这家酒店的真心实意。"

午餐时间到了，服务员告诉他3年前他坐的那个位子给他预留下来了，问他是否愿意仍坐在那里。他心中又是一阵亲切感。坐在位子上，立刻有服务员过来问他是否仍要一份浇汁牛柳套餐、一杯咖啡不加糖。商人被彻底地感动了。他愉快地用完了午餐，向服务员问出了疑惑："你们怎么做到的？记得3年前客人的所有资料！""我们酒店对每一位客人的资料都有完整的记录，哪怕您只来过一次。"

这位商人回到香港后仍念念不忘那家酒店，尤其是在生日那天收到了那家酒店寄来的贺卡，使他又想起了在新加坡的愉快旅程。之后，每次去新加坡，他一定要入住那家酒店，而且他还劝他的朋友和商业伙伴也去住那家酒店。

接送客人、周到的服务和温和的态度，也许是每一个酒店都能做到的，但是在客人用的睡衣上、火柴盒上印上客人的名字，记得客人的每一个细节，并不是所有酒店都想得到和做得到的。

正是因为新加坡酒店从细处找突破口，在细处创新，他们别具一格的创意令客户出乎意料，从而不仅赢得了客户，还培养了良好的声誉。

从小处着手，从细处找突破口，这为我们提供了一种从细节创新的好办法。平日生活或工作中我们应该多关注细节，说不定在一个不起眼处我们也能创新。

## 抓住细节，把握创新

有些人总抱怨自己找不到创新的机会，那是因为他们总是抬头望"天"，却不愿低头走好脚下的路；他们的目光总盯着能够震动一时的大事物，而不会从细小处着手，在细节中寻找创新的种子。

"创新的机会可遇不可求"，那是不思进取者懒惰的借口。其实，机会无处不在，只要你能抓住细节。

东京一家贸易公司有一位小姐专门负责为客商买车票。她常给德国一家大公司的商务经理购买来往于东京、大阪之间的火车票。不久，这位经理发现一件趣事：每次去大阪时，座位总在右窗口，返回东京时又总在左窗边。经理询问小姐其中的缘故。小姐笑答道："车去大阪时，富士山在您右边，返回东京时，富士山已到了您的左边。我想外国人都喜欢富士山的壮丽景色，所以我替您买了不同的车票。"就是这种不起眼的细心事，使这位德国经理十分感动，促使他把对这家日本公司的贸易额由400万马克提高到1200万马克，并且与这家贸易公司保持了长期的合作。他认为，在这样一个微不足道的小事上，这家公司的职员都能够想得这么周到，那么，跟他们做生意还有什么不放心的呢？

这位聪慧的小姐善于抓住细节，用周到细致的服务赢得了客户的好感，为公司把握住了长期的贸易机会。

其实，要获得客户的信赖和喜爱并不像我们想象中的那么难，只要在服务细节中多一点新意，还怕找不到创新的机会吗？

英国著名的物理学家瑞利，从小就热爱观察生活中的细节并勤于思考，从中发现有价值的东西。

一天，瑞利家来了几位客人。瑞利的母亲由于上了年纪，手脚不太灵便，端碟子的手颤抖了一下，光滑的茶碗在碟子里滑动了一下，差点把茶洒出来。为了防止把茶弄洒，她就格外小心地捧着碟子。她走到客人面前，茶碗一滑，茶还是洒了出来。她不好意思地对客人说："人老了，手脚不灵便了。"

瑞利是个有礼貌的孩子，但他这次没有上去帮助母亲端茶招待客人，而是专心致志地望着妈妈的一举一动，他完全被母亲手中的碗碟吸引住了。

他发现：母亲起初端来的茶碗很容易在碟子中滑动，可是，在洒过热茶的碟子上，茶碗就不滑动了。尽管母亲的手仍旧摇晃着，碟子倾斜得更厉害，茶碗却像吸在碟子上似的，不再移动了。

"太有趣了！我一定要弄清楚这是为什么！"瑞利非常激动，脑子里产生了对物理学中摩擦力研究的欲望。客人走后，他用茶碗和碟子反复试验起来。他还找来玻璃瓶，放到玻璃板上进行试验，看玻璃板慢慢倾斜时瓶子滑动的情况。接着他又在玻璃板上洒些水，对比一下，看看有什么不同。

经过多次试验和分析，他对茶碗和碟子之间的滑动做了这样的结论：茶碗和碟子表面总有一些油腻，油腻减小了茶碗和碟子之间的摩擦力，所以容易滑动。当洒上热茶时，油腻就溶解消失了，茶碗在碟子中就不容易滑动了。

接着，他又进一步研究油在固体摩擦中的作用，提出了润滑油减小摩擦力的理论。

后来，他的发现被运用到生产和生活中去，在有机器转动的地方，都少不了润滑油。

1904 年，瑞利获得了诺贝尔物理学奖。

创新机会是那些在纷纭世事之中的许多复杂因子，在运行之间偶然凑成的一个有利于你的空隙。发明创新的历史表明，奇迹就在那些细节中，在创新的快乐道路上，细节总是备受创新者瞩目。

让我们学会抓住细节，把握好创新的机会。

## 第二十四章　组合是创新良方

### 功能组合开辟创新捷径

运用组合法进行创新，可以有多种思路：物品的材料、物品的颜色、物品的体积、物品的功能、物品的优点等。不同的组合思路，可以组合出截然不同的新物品。例如，以物品的功能为线索，从增加功能的角度考虑，可以生出许多组合创新的思路。

我们看看，把两件不同功能的物品放在一起会有什么样的结果？

饼干＋钙片：补钙食品；

剪刀＋开瓶装置：多用剪刀；

背心＋连衣裙：背心连衣裙；

由此可见，我们可以得到一件功能比前两件功能更强大的新物品，功能整合的创新法就是由这种功能组合而得来的。

大家一定听过历史上的田忌赛马的故事：

齐王和齐将田忌赛马，赌金为千金，双方都有上等马、中等马和下等马各一匹，分别进行一场比赛，每场胜者可得千金。田忌的中等马不如齐王的中等马，田忌的下等马也不如齐王的下等马。这样，若拿同等级的马进行比赛田忌的马无论怎么努力都是要输的。

但是，在比赛前，田忌的高参孙膑给他出了主意，叫他用下等马对齐王的上等马，用上等马对齐王的中等马，用中等马对齐王的下等马。比赛结果，除了在下等马对上等马的一场比赛中田忌输了以外，其余两场都赢了。

田忌赛马之所以成为历史上著名的故事，是因为它蕴含着整体策划、组合创新的智慧。孙膑深知各等级的马相赛，处于劣势的田忌必输无疑，但他重新组合马的参赛次序，使田忌的马"功能"，即速度得以在比赛中体现出来，从而输一赢二战胜了齐王。这真是一次绝妙的功能重组。

我们再来看下面两个例子：

阿拉伯人多信奉伊斯兰教，虔诚的伊斯兰教徒每天都要向圣城麦加方向跪拜，有时，难免会因为一时辨不清圣城方向而犯愁。有一个地毯商人发现了这个问题，就在地毯上加进一个指南针，帮助伊斯兰教徒解决了方向的问题，于是，这种带指南针的地毯顿时热销。

日本的普拉斯公司，是一家专营文教用品的小企业，一直生意清淡。1984年，公司里一位叫玉村浩美的新职员发现，顾客来店里购买文具，总是一次要买三四种；而在中小学生的书包内，也总是散乱地放着钢笔、铅笔、小刀、橡皮等用品。玉村浩美于是想到，既然如此，为什么不把各种文具组合起来一起出售呢？她把这项创意告诉公司老板。于是，普拉斯公司精心设计了一只盒子，把五六种常用的文具摆进去。结果这种"组合式文具"大受欢迎，不但中小学生喜欢，连机关和企业的办公室人员，以及工程技术人员也纷纷前来购买。尽管这套组合文具的价格比原先单件文具的价格总和高出一倍以上，但依然十分畅销，在一年内就卖了300多万盒，获得了意想不到的利润。

功能组合是一种重要的创新方法，环顾我们四周，处处布满了多功能物品，如含珍珠粉的珍珠霜、有温度计的奶瓶、含指南针的手表、万年历电子台钟、挂历毛巾、文化卫生纸、魔术酒瓶等，多功能的复合物存在于我们生活的每个角落。

多功能物品之所以那么受欢迎，主要是因为它使用方便、省事、节约、新潮。例如，如果有一台多媒体电视机，可以将收音机、电视机、录像机、VCD、卡拉OK、电脑等功能集于一身，价钱又比分别购齐上述单机便宜好几倍，消费者一定会举手欢迎。所以，功能组合一定要有实用性，才能有创新价值。

总之，功能组合是一条重要的创新捷径。它整合了事物的功能，产生更有创造价值的物品。掌握这种方法，需要我们增加思维敏感度，多观察、多思考，便可以随时随地产生功能组合的创意。

# 优点组合缔造新境界

在一次盛大的宴会上，中国人、德国人、俄国人、意大利人和法国人等争相夸耀自己民族的文化传统，只有美国人笑而不语。为了使自己的表述更加具有说服力，他们纷纷拿出能够体现本民族悠久历史的实物——酒，来彼此相敬。中国人拿出了香气袭人的茅台酒，德国人拿出了威士忌，俄国人拿出了伏特加，意大利人拿出了葡萄酒，法国人拿出了大香槟。轮到美国人时，只见他将各种酒兑在一起说道："这叫鸡尾酒，它体现了美国人的民族精神——组合就是创造。"

这正应了戈登·德莱顿的一句话："一个想法是旧成分的新组合，没有新的成分，只有新的组合。"

集合别人的优点也是一种创新！优点组合同功能组合一样，也是组合创新的一种重要方法。它将两种或两种以上不同领域的优点进行组合，得到的不仅是两种而是远超于它们数量之和的极大优势。鸡尾酒虽然含有香槟，但它拥有香槟所没有的独特美味。

我们再来看一组优点组合：

日历＋唐诗：唐诗日历；

白酒＋曹雪芹：曹雪芹家酒；

炉＋电源：电磁炉。

可见，优点组合后创造了新物品，而新物品拥有旧物品远远无法比拟的优势。

在市场上，中国、泰国、澳大利亚的大米声誉不错。中国大米香、泰国大米嫩、澳大利亚大米软，三者各有特色、各具优势。但奇怪的是，三者都销路平平，不见红火。或许是特色太突出而难以吊人胃口吧。米商很发愁，思考如何改变这种状况。

一天，米商突发奇想，将三种米混合起来如何？自家试着煮着吃，味道好极了。他如法炮制，自己"加工"出"三合米"，谁知得到了广泛的认同，赢得了一片好行情。

三米合一，十分简单，却耐人寻味。它的神奇之处在于共生共存，取长补短……三优相加长更长；三短相接短变长；三者杂处，长处互见，短处互补。

由此推衍开去，我们可以想到酱醋辣三味合一的调味品，想到农业上的复合肥，想到医药上的复方药……

美国的《读者文摘》是全世界最畅销的杂志，它的诞生来自于它的创始人德惠特·华莱士的一个"优点组合"的创意。28岁的时候，华莱士应征入伍，在一次战役中负伤，进入医院疗养。在养伤期间，他阅读了大量杂志，并把自己认为有用的文章抄下来。一天，他突然想：这些文章对我有用，对别人也一定有用，为什么不把它编成一册出版呢？

出院后，他把手头的31篇文章编成样本，到处寻找出版商，希望能够出版，但均遭到了拒绝。华莱士没有灰心，两年后，他自费出版发行了第一期《读者文摘》。事实证明：他把最佳文章组合精编成一册袖珍型的非小说刊物是一个伟大的创意。今天，《读者文摘》发行已达到2000多万册，并翻译成10多种文字发行。这种办刊方法也为他人所效仿，在我国，目前此类报纸杂志已有数十种。

　　既然人类有那么多的优秀成果，我们就不能把它们摆在那儿当花瓶看待。

　　美国阿波罗登月计划总指挥韦伯所指出的：今天的世界上，没有什么东西不是通过综合而创造的。阿波罗庞大的计划中就没有一项新发明的自然科学理论和技术，都是现有技术的运用，关键在于组合。

　　优点组合缔造新境界。通过组合，我们可以开拓比我们想象更加丰富多彩的新天地。

## 第二十五章　从模仿到创新

### 创造性模仿就是创新

模仿就是"照葫芦画瓢"，"葫芦"是什么？是你要模仿的对象，是你要学习的对象。"瓢"是什么？是你要创造的对象，要构思的对象。"葫芦"和"瓢"之间有相似之处、相通之处。因此，模仿着"葫芦"就可以画出"瓢"。照着"葫芦"画"葫芦"那是单纯地描摹，画出"瓢"才是创新。所以，创新可以认为是对着"葫芦"创造性地画"瓢"。

许多创新都是在模仿的基础上进行的。模仿，是最古老而又最先进的学习方法。事实上，成功者处事行为的95%以上都是模仿别人得来的。创新不仅指开辟一条前人从未走过的道路，也可以尝试着走一条别人已经走过的旧路。因为走新的路，通常要遇到更多的障碍，要面对更大的风险。看清楚眼前要走的路，特别是留意别人怎样走同样的路，一定有让你受益的地方，它能让你避免重复别人已经走过的弯路；另外有一些路，很值得你跟着别人一起走，这会让你成功的机会更大，就像大雁互相依靠着飞行一样。也就是说，在某些时候，我们可以模仿别人，以便使自己尽早成功。

三星电子就是通过对电子巨头"索尼"进行创造性模仿而一步步

成长壮大起来的。

从一只"仿造猫"进化为"太极虎",三星电子又有多少惊世之谜? 2004年4月中旬,三星电子公布了其2004财年第一季度营业额及总收入,第一季度销售额为125亿美元,营业利润超过34.8亿美元。三星电子仅在第一季度,就远远超过索尼2004全年8.13亿美元的赢利预测。但据此就认定三星电子超越了索尼,仍为时尚早。从营业额看,2003年,三星电子的总收入为362.8亿美元,索尼的总收入为720.81亿美元。这距离三星电子的"超越"战略——2005年以前把全球销售收入增长两倍,从而一举超过索尼——还有差距。但这并不影响三星电子作为一个"模仿"神话而成为诸多中国企业推崇的对象。把三星和索尼类比,按中国的思维方式,是有点"青出于蓝而胜于蓝"的期待在内。几年前的三星,正是索尼的模仿者,而现在,许多中国企业则成了三星电子的模仿者。

别人在别地做得挺好,是否适合我们呢? 如果适合,不就是有价值的尝试了吗? 依据本地实际,进行创造性的模仿,可能会做得更好。"青出于蓝而胜于蓝"的"宅急送"就是这样做的。

1990年,刚到日本留学的陈平被满大街的"宅急便"的古怪车型吸引住了。他打听得知,这是被日本人称为"飞腿"的快运公司运输车。后来,陈平请"宅急便"送了一次货,这使他对其有了进一步的了解。他决定将这种中国内地没有的快速送货服务创造性地运用到北京。

10多平方米的办公室、7名员工、3辆车——1994年1月,陈平的"宅急送"公司在北京成立了。"只要一个电话,一切不用牵挂!"虽然服务口号很响亮,但"宅急送"开张前两天,没有接到一笔生意。第三天,陈平坐不住了,把司机和车赶上马路"扫街"(沿街找生意)。当天他们接到一笔生意:一个过路人把他们的货车当成了中巴车,要乘车到亚运村去。这笔不合法的小生意,陈平赚了一元钱。

接下来的日子，陈平的"宅急送"为了生存，什么活儿都接过，代人取衣服、修冰箱、送烤鸭、接小孩、换煤气……

或许由于"宅急送"的经营理念打动了市民，渐渐地，"宅急送"的业务量增多了。

"宅急送"开始向全国拓展。从1998年在上海成立分公司起到现在，"宅急送"在全国开设了40多家分公司和营业网点。

陈平说："可口可乐虽然只是一个卖汽水的，但也可以卖到世界500强的前几名，超过那些造飞机、造汽车的公司。我只帮人送货，也一样能做大。"

如今，"宅急送"的总资产已达1.5亿元。

模仿并不是盲目进行的，而是朝着既定目标进行的创造性模仿。如果只是一味地模仿而不知加入自己的思想和创意，只能是重复别人的步伐，走不出一条自己的路。就像国画大师齐白石先生说的："学我者生，似我者死。"在最初阶段，我们都要经过一个模仿过程，向前人学习优秀之处，吸取了他人的精髓，才能更好地完善自己。但更重要的是，我们一定要有自己的创造过程。个性是区别于大众的，正因为个性的差异，才构成人生万象的异彩纷呈，才谈得上相互学习、相互促进、相互吸引、心心相印，才能领悟到成功的真谛。

要想创新，必须走出自己的路来。老跟在别人屁股后边学，充其量只会落下"模仿者"之名。其实，创新都是有个性的，没有个性的创新几乎是没有的。创新之初模仿成功者的模式是可以的，但不能一味模仿而不求突破。模仿是手段，创新才是根本。因此，要根据自己的个性，设计一条成功的路线和方法，这才是高人。

# 改进同样能创新

中国人发明了火药，但发明炸药的是瑞典化学家诺贝尔。

炸药从中国引进欧洲后，到 19 世纪时，科学家发现硝酸甘油有很好的引爆效果，从而成为炸药的原料。不过硝酸甘油非常不稳定，一摇晃就容易爆炸，也经常造成无谓的伤亡。诺贝尔一直在思索，用什么方式可以改善炸药的稳定性。经过寻找后，他发现硅藻土若和硝酸甘油相混，能提高炸药的稳定性。根据这种原料，诺贝尔发明了安全性高的黄色炸药，提高了土木工程施工的速度。而他仍未自满，依旧致力于改进，创造出一系列效率更高的炸药，也包括我们所熟知的塑胶炸药。

创新，就像足球的攻门一样，当攻击球员第一次无法将球射进门时，其他球员必须在球门外密切留意，抓住第二次进球机会，直到得分为止。世界上的发明没有尽头，很多发明经过后天的改进就成为另一项发明。在原先的创意上增加新的元素，修正起初的错误，这样每一次改进都可能是一项创新。

从某种意义上讲，一切发明都是技术的进步，而改进更是进步。为了不断改善人们的生活，不断满足学习与工作的需要，对原有发明进行改造，使之从外观上、构造上、材料上、功能上更美观、更廉价、更实用、更方便，这是完善创造的本质，也是改进创造的宗旨。

人们为解决步行速度太慢的问题，便发明、开发、改进、完善交通工具，从骑驴、骑马，到发明马车、自行车、摩托车、汽车、火车、飞机、宇宙飞船等。

人们为了御寒，发明了纺车、织布机、纺纱机；为了衣服美观、花样丰富，又创造出印染技术。

人们不断改善居住条件，从岩洞经草房、窑洞到高楼大厦。

人类从赤脚行走，经穿草鞋，到蹬上高级皮鞋。

并非只有"前无古人"的发明创造才是创新，对原有产品或服务稍稍改进以收到不错的经济效益，也是一种创新。

某毛巾厂有心改造产品，想来想去除了质地、颜色、图案这些老话题之外，实在不知该往哪里想。有人提议，应该让呆板的毛巾生动活泼起来，使消费者觉得又实用又有趣，才能压倒他人拔高自己，取得主动权。主意是不错，可办法在哪里？

带着这一目标，他们找到一种特殊染料，生产出变色毛巾。这种毛巾图案奇特：毛巾干燥时的图案是猪八戒背媳妇，落水后的图案则为猪八戒背孙悟空；干燥时的图案为贾宝玉娶薛宝钗，泡水后的图案变为贾宝玉牵手林黛玉；干燥时的毛巾是小学生刻苦攻读的形象，水湿后的图案变成戴上博士帽的大小伙儿……各式各样，应有尽有。这种毛巾上市后，果然一枝独秀，压倒各路商贩。

谁说已有的传统产品没有创新的空间？只要更加关注消费者的需求，使思路更加灵活，哪怕是一个小小的电熨斗也可以进行一系列的改进，使我们的生活更加舒适、便捷。

较早的家用电熨斗，仅由电熨底板、发热元件、手柄、接线插头等构成。人们为了熨烫衣服的需要，进行了一系列改革。为便于接通电源，安了手柄开关；为减少操作时电线的干扰，装了熨斗插接线；为控制温度，装了自动控温装置；为能熨平扣下的部分，在烫板前开有小口；为使熨平效果更持久，增加了水槽与水喷头……

这里再给大家介绍几种最新研发的熨斗。

自动关熄熨斗。日本研制出一种可自动关闭的蒸气熨斗。这种熨斗具有电子感应自动安全关熄功能，只要将熨斗平放30秒不动，它便会自动切断电源，以确保省电和安全。该熨斗1200瓦，只需1~2分钟便可达到最高温度，并设有多级蒸气湿度调节装置。

自动除垢熨斗。荷兰飞利浦公司推出的一种蒸气电熨斗，具有独特的自动清洗功能，可将沉积于底板内的杂质击碎成微粒随水喷出，有效地清除污垢，解决了因水垢影响熨烫效果的问题。

透明蒸气熨斗。法国生产出一种新型蒸气熨斗，下部储水箱是用聚酰胺工程塑料制造的透明水箱，使用时可清楚地看到储水箱内的水位，可让使用者在水完全蒸发前及时加水。

电脑装置熨斗。日本一家公司研制成功一种电脑熨斗。该熨斗内装有微型电脑，当接触到衣物时，电脑可在瞬间根据衣料选定最佳温度和时间，如果使用者把滚烫的熨斗放在衣物上，电脑便会自动切断电源。

一个电熨斗便可以做如此多方面的改进，而且能够肯定，这种改进仍在不断继续，那么，还有什么不可以改进、不可以创新呢？

## 第二十六章　进行头脑风暴

### 头脑风暴：凝聚集体的智慧

"那是在 1938 年，我在公司内第一次尝试了有组织性的思考能力。那时我领导着'一个广告代理公司'。早期的参加者为我们的努力起绰号为'头脑风暴会议'，这很合适，因为'头脑风暴'意味着用大脑去猛攻一个问题，而实际情况正是如此。"

这是奥斯本在他的《应用想象力》一书中描述"头脑风暴"这个名字的由来。

头脑风暴法，又称智力激励法。它是由美国创造学家 A. F. 奥斯本于 1939 年首次提出，1953 年正式发表的一种激发创造性思维的方法。作为一种创新方法，头脑风暴法在韦氏国际大辞典中被定义为：一组人员通过开会方式对某一特定问题出谋划策，群策群力，解决问题。

头脑风暴法的核心是召开头脑风暴会议，奥斯本为头脑风暴会议制定了 8 条原则：

（1）参加会议的人员控制在 10 人左右，开会时间以半小时为宜。

（2）每次讨论的问题不宜太小、太狭或带有限制性，但讨论时必须针对问题的方向，集中注意力。

（3）主持人至少需提前 10 天通知会议主题，发言时不可照本宣科，会上不允许个别交谈，以免干扰别人的思维活动。

（4）在会上不允许批评别人提出的设想，禁止做出评论性的判断。

（5）不允许用集体提出的意见来阻碍个人的创新思维。

（6）鼓励自由想象，提倡任意思考，哪怕是幼稚荒唐、不可能付诸实施、无任何价值的设想，都欢迎提出来。

（7）要求每个人尽量改进别人的设想，或提出更新奇的想法。

（8）与会者人人平等，没有权威，没有上下级。

头脑风暴会议上的上述规定，破除了一半会议加在人们头脑中的无形的枷锁，大大拓宽了与会者的思路，使每位会议参加者的独到见解和创新设想不断迸发。

这种方法适合于解决那些比较简单、严格确定的问题，比如研究产品名称、广告口号、销售方法、产品的多样化研究等，以及需要大量的构思、创意的行业，如广告业。

下面我们就来看看运用"头脑风暴法"的一个有趣的案例：

有一年，美国北方格外严寒，大雪纷飞，电线上积满冰雪，大跨度的电线常被积雪压断，严重影响通信。过去，许多人试图解决这一问题，但都未能如愿以偿。后来，电信公司经理应用奥斯本发明的头脑风暴法，尝试解决这一难题。他召开了一种能让头脑卷起风暴的座谈会，参加会议的是不同专业的技术人员，要求他们必须遵守以下原则：

第一，自由思考。即要求与会者尽可能解放思想，无拘无束地思考问题并畅所欲言，不必顾虑自己的想法或说法是否"离经叛道"或"荒唐可笑"。

第二，延迟评判。即要求与会者在会上不要对他人的设想评头论足，不要发表"这主意好极了""这种想法太离谱了"之类的"捧杀句"或"扼杀句"。至于对设想的评判，留在会后组织专人考虑。

第三，以量求质。即鼓励与会者尽可能多而广地提出设想，以大量的设想来保证质量较高的设想的存在。

第四，结合改善。即鼓励与会者积极进行智力互补，在增加自己提出设想的同时，注意思考如何把两个或更多的设想结合成另一个更完善的设想。

按照这种会议规则，大家七嘴八舌地议论开来。有人提出设计一种专用的电线清雪机；有人想到用电热来化解冰雪；也有人建议用振荡技术来清除积雪；还有人提出能否带上几把大扫帚，乘坐直升机去扫电线上的积雪。对于这种"坐飞机扫雪"的设想，大家心里尽管觉得滑稽可笑，但在会上也无人提出批评。相反，有一位工程师在百思不得其解时，听到用飞机扫雪的想法后，大脑突然受到冲击，一种简单可行且高效率的清雪方法冒了出来。他想，每当大雪过后，出动直升机沿积雪严重的电线飞行，依靠高速旋转的螺旋桨即可将电线上的积雪迅速扇落。他马上提出"用直升机扇雪"的新设想，顿时又引起其他与会者的联想，有关用飞机除雪的主意一下子又多了七八条。不到一小时，与会的10名技术人员共提出90多条新设想。

会后，公司组织专家对设想进行分类论证。专家们认为设计专用清雪机，采用电热或电磁振荡等方法清除电线上的积雪，在技术上虽然可行，但研制费用大、周期长，一时难以见效。那种因"坐飞机扫雪"激发出来的几种设想，倒是一种大胆的新方案，如果可行，将是一种既简单又高效的好办法。经过现场试验，发现用直升机扇雪真能奏效，一个久悬未决的难题，终于在头脑风暴会议中得到了巧妙的解决。

随着发明创造活动的复杂化和课题涉及技术的多元化，单枪匹马式的冥思苦想将变得软弱无力，而"群起而攻之"的发明创造战术则显示出攻无不克的威力。

岩石碰撞会产生火花，思想的碰撞同样能够激发创新的火花，头脑风暴便是一种智慧碰撞的讨论方法。在自由的讨论中，汇聚各种各样的思路，大家群策群力，才会产生更多的好方法。

## 团队沟通：沟通创造价值

一个人的力量是有限的，同样，一个人的思路也有枯竭的时候。但在一个团队中，大家互相沟通交流，每个人贡献一个点子，即使看似荒唐行不通，集结起来，也可能成为一个绝妙的创新点子。

利用沟通交流来集思广益，这种方法曾经挽救过一个濒临倒闭的公司。

日本德岛一家制药公司曾濒于倒闭，于是公司总经理提出"人人都应奉行创意主义"的口号，发动员工献计献策，结果收到了许多离奇怪诞的创意。有人提出："最近蟑螂太多了，想想制造捕捉的器物吧。"于是创意研讨会就此展开。一位老工人说："过去逮苍蝇都是用捕蝇纸粘，不知此法能否粘住蟑螂？"有人进一步说："蟑螂不同于苍蝇，不会从天而降，不会同时被粘住六只脚。它匍匐前进，只粘住前边两只脚，便会很快挣脱。倘若制成一个三角形的盒子，里面大部分地方涂上黏合剂，蟑螂在狭窄的空间里，挣脱了这边又粘住了那边，这样就能逮住了。"公司采纳了这两种意见，很快投入生产并投放市场，果然获利极丰。

由此可见，沟通在企业发展中是多么的可贵。

在一个企业团队，对领导者而言，沟通是其了解信息、指挥引导员工、鼓励激发员工积极性的重要手段。沟通的效果好坏，往往直接影响着团队的发展。

人与人之间依靠沟通传达信息。企业犹如一部大机器，良好的沟通就像润滑剂。主管与部属之间如缺乏良好的沟通，轻者打击士气，造成部门效率低下，重者相互之间形成敌意。现代企业团队管理的过程，就是团队沟通协作的过程。

韦尔奇最成功的地方是，他在通用电气公司建立起一种良好的团队沟通方式。韦尔奇认为，与员工沟通是一种交流思想、增加信任、推动企业发展的最佳形式和途径。韦尔奇说："我们希望人们勇于表达反对的意见，呈现出所有的事实面，并尊重不同的观点。这是我们化解矛盾的方法。""良好的沟通就是让每个人对事实都有相同的意见，进而能够为他们的组织制订计划。真实的沟通是一种态度与环境，它在所有过程中最具互动性，其目的在于创造一致性。"

在一次工作会上，通用电气主持人把工作问题形象地分成两类："响尾蛇"和"巨蟒"。响尾蛇容易捕获，代表的是一些简单的问题，能够当场解决；巨蟒一声不响地缠绕在树上，很难消灭，代表一些复杂而不能马上解决的问题。

通用电气的一个工人道出了这样一个"响尾蛇"问题："我在这里工作了 20 多年，有一个很好的工作记录。我还得过管理奖，我爱这里，它让我的孩子能读完大学，也给了我一份很不错的薪水，但是仍然有一些愚蠢的事我不得不指出。"

他的工作是负责操作一种价值昂贵的设备，要求戴上手套。手套一个月要磨破几副。为了领取新手套，他只好叫一个空闲的操作师来顶替他一下。如果没人的时候，他就不得不把机器关掉，走到另一座楼上的供应室，填写一个表格，然后还必须到处寻找一个负责的管理员签字，再回到供应室领取手套，为此常常使他有 1 个小时不能工作。

"我认为这是愚蠢的。"

"我也这样认为，"坐在会场前面的总经理说，"我们为什么要那样做呢？"

房间后面传来了答案："在 1973 年我们丢失过一箱手套。"

"把手套箱放在操作者附近的地板上。"总经理这样命令。

又一条"响尾蛇"被射杀了。

"巨蟒"往往比"响尾蛇"顽固，在通用电气电力事业部的工作会上，又一条"巨蟒"出现了。

出席会议的是涡轮机制造部、销售部和服务部的人员。一个来自服务部的工程师抱怨，他们非要写那些长达 500 页的报告不可，其中，详细描述了工作步骤，并要预测可能的故障以及需要更换的部件。尽管报告被人认为是必要的。

"真的像你说的？"

"你们做领导的可以把那些报告找回来看看嘛。"有人提醒他不要太生气。

"我们为准备报告付出了巨大的努力，却根本没有人去看这些报告，所以工程师常常在交货 6 个月后才把报告交上去……这又有什么用呢？"最后，通过广泛的讨论，终于废除了这种报告，取而代之的是简明扼要的报告，但要立刻交付给用户，当然，它们会被实际阅读。

沃尔玛公司总部设在美国阿肯色州本顿维尔市，公司的行政管理人员每周花费大部分时间飞往各地的商店，通报公司所有业务情况，与各工作团队成员会面，征求他们的意见；通常，还要带领所有人参加沃尔玛公司联欢会等。只有这样，行政管理人员才能收集到员工的想法，才能保持整个组织信息渠道的通畅，这些就是他们做远足遍访的主要原因。沃尔玛总裁曾说过，"如果你必须将沃尔玛体制浓缩成一个思想，那可能就是沟通，因为它是我们成功的关键因素之一"。

沟通是团队合作的一种方式，沟通是创新的一种途径。沟通可以集思广益，为团队的发展提供创意的点子。